新人IT担当者のためのWebサイト構築&運営がわかる本

池谷義紀

Web site construction and management Basic Guidebook

技術評論社

注意事項

●本書に記載された内容は、情報の提供のみを目的としています。したがって、本書を用いた運用は、必ずお客様自身の責任と判断によって行ってください。これらの情報の運用の結果について、技術評論社および著者はいかなる責任も負いません。

●本書記載の情報は、特に断りのない限り、2016年10月現在のものを掲載しています。本文中で解説しているWebサイトなどの情報は、予告なく変更される場合があり、本書での説明とは画面図などがご利用時には変更されている可能性があります。

●以上の注意事項をご承諾いただいた上で、本書をご利用願います。これらの注意事項をお読みいただかずに、お問い合わせいただいても、技術評論社および著者は対処できません。あらかじめ、ご承知おきください。

●本文中に記載されているブランド名や製品名は、すべて関係各社の商標または登録商標です。なお、本文中に®マーク、©マーク、™マークは明記しておりません。

はじめに

今から20年近く前、インターネットという言葉が少しずつ耳に馴染み始めた頃、筆者は初めてホームページを作り、インターネットの仕事に携わるようになりました。

当時は「Webサイト」よりも、「ホームページ」という呼ばれ方のほうが一般的だったように記憶しています。確かに、文字と小さな画像だけのページでさえ表示に時間がかかるような通信環境では、できることも限られ、Webサイトと呼ぶのには大げさだったのかもしれません。

ところが今では、パソコンだけでなく、携帯電話やスマートフォンも高速回線で、あたりまえのようにインターネットにつながるようになりました。無数にあるWebサイトやWebサービスのおかげで、何かを調べるための検索だけでなく、お店探し、商品の購入、旅行の予約、料理のレシピ探し、友人や知人との交流、音楽やゲームのダウンロード、映画やドラマの鑑賞など、さまざまなことができます。

ただ、そこには必ずそれらのWebサイトやWebサービスを構築し、管理運営をしている一人一人のWeb担当者の存在があります。

まだまだ、その仕事が体系立てて確立されているとは言いがたい、Web担当者という職種ですが、論理的な思考を求められるところや、取り組んだ結果が数値で明確に出るところなど、ほかにはなかなかない、やりがいのあるおもしろい仕事だと思います。

ぜひ、このWeb担当者という仕事を楽しんでもらいたいと思います。

池谷義紀

CONTENTS

序章 Web担当者の仕事を知ろう

第1章 Webサイトを構築しよう

第2章 Webサイトを管理しよう

第3章 Webサイトに集客しよう

第 4 章

Webサイトを分析しよう

第 5 章

Webサイトを改善しよう

第6章 セキュリティと法律について知ろう

序章

Web担当者の仕事を知ろう

まず最初に、Web担当者の仕事とは具体的にどのようなものか、どんな知識やスキルが求められるのか確認しておきましょう。あわせて、第1章以降で学ぶ業務の全体像をかんたんに紹介します。

Web担当者って何をするの？

Web担当者の仕事とは

Web担当者の仕事とは何でしょうか。かんたんにいえば、Webサイトを通じて情報の受発信を行うことですが、それだけではありません。

企業や組織のWebサイトには、「商品を売りたい」「サービスを紹介したい」「求人をしたい」など、最終的に成し遂げたい目的があるものです。その目的を達成することが本来の仕事であるといえるでしょう。

目的達成のための手段として、Webサイトでの情報の受発信を行いますが、Webサイトのでき次第で得られる結果は大きく変わります。そのため、成果を上げられるWebサイトを構築することもWeb担当者の重要な仕事の1つです。また、たくさんの人たちがWebサイトを訪れるように集客活動をし、訪問してくれたユーザーにWebサイト内で望ましいアクションをしてもらうための施策を施すこと、さらには、それらのアクションに対する各種フォローを行うことも、Web担当者の仕事に含まれます。

Web担当者の仕事

Webサイトの目的を成し遂げるために
Webサイトの構築・運営・改善を行う

Webサイトが持つ影響力を知る

現在、多くの人にとってインターネットは仕事や生活の中で欠かせません。パソコンに限らず、携帯電話やスマートフォン、タブレット、さらにはIoT（Internet of Things）など、さまざまな機器がインターネットを通してやりとりするようになりました。

それらの入り口として使われるWebサイトの役割は、ますます重要になっています。人々はWebサイトで必要な情報を入手し、さまざまな判断をして、利益を得ています。たとえば、おいしい食事を楽しむために人気のレストランを探すといった、日常のちょっとした場面で使われる一方で、進学先や就職先を決めるための情報収集など、人生の大きな岐路で活用されることもあります。そのように考えると、Web担当者とは責任重大であるとともに、とてもすばらしい仕事だといえます。

日常生活のちょっとした場面から
人生の大きな決断にまで使われる

- Webサイトを通じて目的を達成することがWeb担当者の仕事
- Webサイトが持つ影響力を理解し、そこに携わる責任を知る

SECTION 02

Web担当者に必要な能力を知ろう

必要な専門知識

Web担当者に必要な知識は多岐にわたります。たとえば、インターネットやWebサイトのしくみを知ることも必要ですし、Webサイト構築・管理のための知識も必要です。また、Webサイトを運用し、集客や分析、改善などの各種施策を実施するための知識やWebサイトからの問い合わせへの回答、注文への対応などをつつがなく遂行するための知識も大切です。さらには、Webサイトを適法かつ安全に運営していくうえで、法律やセキュリティに関する知識なども必要です。

Webサイト構築に必要な知識だけでも、押さえておかなければならないことはたくさんあります。具体的には、Webサイト構築の計画立案から構造設計、画面設計、文章や写真などのコンテンツ作成・編集、Webページへの反映、サーバーへのアップロード手段などが挙げられます。

本書でひとつひとつ着実に学んでいきましょう。

Web担当者に必要な知識

Webサイトの
構築
管理

Webサイトや
インターネットの
しくみ

Webサイトの
集客
分析
改善

コミュニケーション能力

Web担当者には、コミュニケーション能力が大切です。その理由は2つあります。

1つは、Webサイトの構築も運営も、多くの場合、自社内の関連メンバーや社外のさまざまな人たちと連携して進めていかなければならないからです。業務を円滑に進めるには、上手にコミュニケーションをとれる力が必要です。

もう1つは、Webサイトがコミュニケーションツールであるためです。伝えたいことをしっかりと効果的に伝え、閲覧者からの要望を汲み取って的確に応えていくには、コミュニケーション能力は欠かせません。

コミュニケーション能力とは、「相手が伝えたいと思っていることを、相手が伝えきれなかった部分までも含めてしっかりと聞き取る」「それを理解、把握し、わかりやすく整理する」「違う相手にも理解できるように、もっとも適した手段を使い、わかりやすく伝える」といったことを実行できる、総合的な力のことをいいます。

コミュニケーション能力

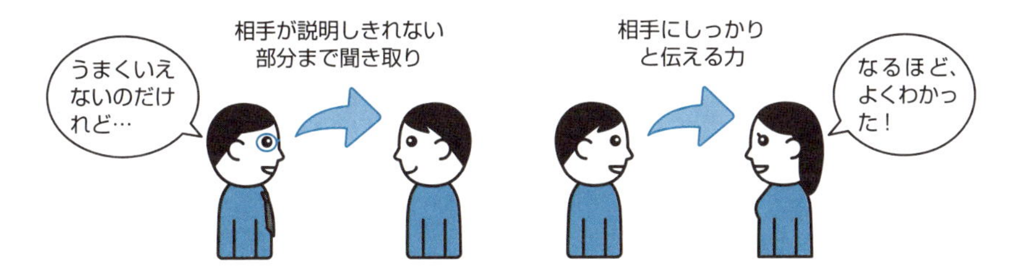

- Web担当者に必要な知識を知る
- コミュニケーション能力とは何かを理解し、高めていく

Web担当者に求められる業務の全体像を知ろう

Webサイトの構築

Webサイトは、環境の変化に合わせてリニューアルしていくべきものです。そのため、すでにWebサイトを持っている場合でも、構築のプロセスを知っておくことは大切です。

Webサイトの構築には、Webサイトが表示されるしくみや、ネットワークの基礎知識が必要です。また、目的を達成できるWebサイトにするためには、利用する顧客の定義を明確にしたうえで、目的や目標の適切な設定および、達成のプロセスをまとめた計画を立案する必要があります。

Webサイトの構築自体は、制作会社に委託することが多いでしょう。その際に、どのように制作会社を選定するのかといった方法や、もっとも優れた会社を選び抜く力も必要です。その後、プロジェクトチームを立ち上げ、構築の実作業を分担して進めます。

Webサイトの構築については第1章で詳しく説明します。

Webサイトの構築で学ぶこと

構築プロセス	インターネットのネットワーク	顧客の定義	制作会社選定	完成
Webサイトが表示されるしくみ	目的・目標の設定	達成プロセス	契約	

Webサイトの管理

Webサイトの管理には、大きく2つあります。

1つは更新作業、つまり既存ページの編集や新規追加、削除といったWebサイトそのものの管理です。

Webサイトは完成したときが終わりではなく、むしろスタートです。順調にいけば、公開したときから時間の経過とともに訪問者が増えていくものですし、そうなるようにしていかなければなりません。そのために、Webサイトを魅力あるものにしていく必要があります。常にページの更新やコンテンツの追加を行い、公開の必要性がなくなったページは削除して、Webサイトの鮮度を守り活気のある状態を保たなければなりません。また、アクセスログを確認して、ユーザーがWebサイトをどのように使っているかを確認し、改善を積み重ねることも必要です。

もう1つの管理は、Webサイトからの問い合わせや、ECサイトであれば注文などへの対応です。Webサイトはあくまでもツールであり、実際にはWebサイトを通してのユーザーとWeb担当者とのやりとりこそが、そのWebサイトの評価、ひいては成果につながります。

Webサイトの管理については第2章で詳しく説明します。

Webサイトの管理ではWebサイトの更新運営と顧客対応を学ぶ

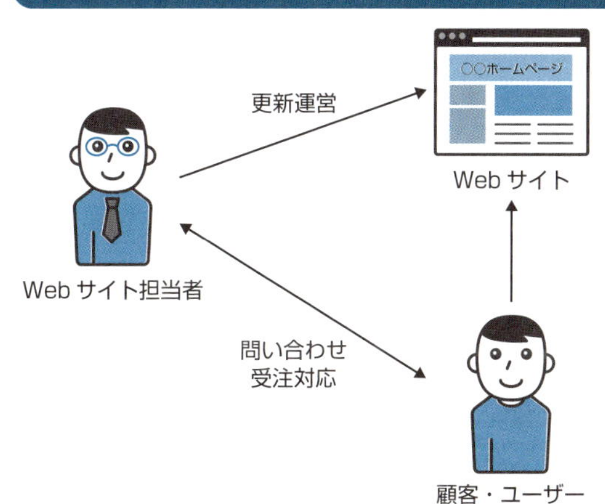

Webサイトの集客

でき上がったばかりのWebサイトは、関係者以外に存在を知られておらず、当然のことながら訪れる人はいません。そこで、集客活動が必要となります。すでに認知されて訪問者がいる場合でも、さらに増やしていく努力を継続していかなければなりません。

Webサイトへの集客方法はいろいろありますが、とくに効果が大きいのは、検索エンジンからの流入促進と広告の出稿です。通常はこの2つからの集客が大半を占めます。

検索エンジンからの流入増加策は、SEO(Search Engine Optimization)と呼ばれ、日本語では検索エンジン最適化といいます。特定のキーワードで検索されたときに上位に表示されるようにすることで、多くの人の目に付き、たくさんクリックされて、訪問されることが期待できます。

広告も多くの場合、検索エンジンのキーワードに対応したページに出稿します。キーワードの選定や出稿のしかたによって、得られる成果は大きく変わります。

SEOや広告以外にも、さまざまな集客方法があります。Web担当者はそれらを知り、適宜実施できるようになっていかなければなりません。

Webサイトの集客については第3章で詳しく説明します。

Webサイトの分析と改善

Webサイトが何らかの目的を持って運営されるものである以上、現在のWebサイトが目的を達成しているかどうかの検証が必須です。具体的には、達成の基準となる目標数値を超えているかどうかで判断をします。目標に届いていない場合はもちろん、目標を超えた場合であっても、Webサイト自体とその使われ方を分析することが大切です。なぜ、その数値になったのかを知れば、さらにもう1つ上の目標をクリアするための改善計画立案に役立つからです。

分析については第4章で、改善については第5章で詳しく説明します。

まとめ

- Webサイトのしくみと構築のプロセスを知っておく
- Webサイトの管理には、Webサイトそのものの運営管理と顧客サポートの管理とがある
- Webサイトの集客には、SEOと広告出稿を中心にさまざまな方法がある
- Webサイトの分析と改善は、目的と目標達成のためにくり返し行っていく

COLUMN

緊急時にも活躍するWebサイト

Webサイトが役に立つ場面は、普段の平穏なときだけではありません。災害発生などの緊急時にも活躍します。大きな災害があると、電話をはじめとした、通信インフラに障害や遮断、混雑などが発生して連絡が取りにくくなり、しばらくの間、被災地の会社や人の安否を確認できなくなる場合があります。そんなときでも、Webサイトを更新することで、自分たちの無事を知らせることができます。

過去の大規模災害の発生時にも、インターネットを通じたやりとりが比較的有効であったことはご存じのとおりです。Webサイトのデータがあるサーバーは、被災地の会社とは別の場所で災害を想定した堅牢な設備内に設置されていることが多いため、災害の影響を受けにくいのです。

災害発生時などにも事業を継続させるための計画である「BCP（事業継続計画）」の策定においても、災害発生後のできるだけ早い段階で、自社の被災有無など、置かれている状況を公表することが大切だとされています。緊急時であっても速やかに情報発信ができるように準備しておきましょう。

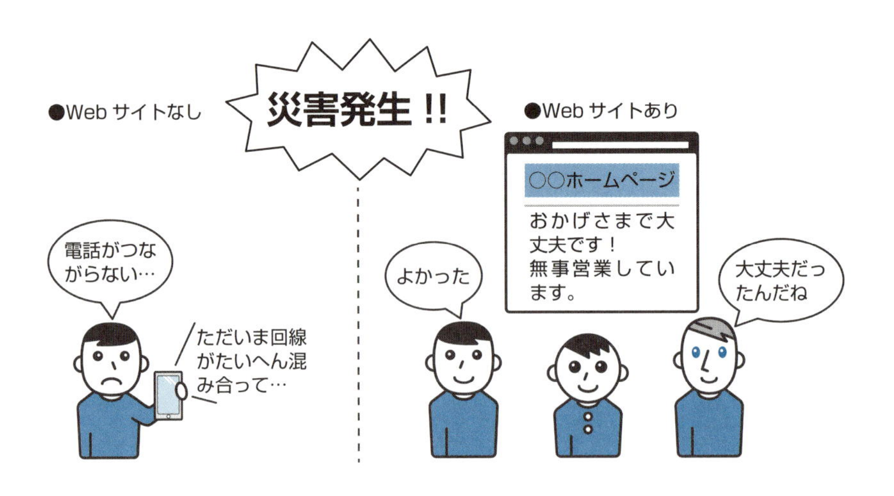

第1章

Webサイトを構築しよう

Webサイトの構築にあたって必要な準備や具体的な構築方法を学びます。制作業務は外部に委託するケースが多いので、社内外含めたチームでのプロジェクトの進め方を理解しておきましょう。

Webサイト構築の基本を知ろう

Webサイトが表示されるしくみ

普段、私たちがあたりまえのように見ているWebサイトは、いったいどのようにして表示されているのでしょうか。まずは、そのしくみを理解しておきましょう。

パソコンやスマートフォンなどの端末に表示されるWebサイトのデータは、もともと端末の中に用意されているわけではありません。サーバーと呼ばれる、データを置いてあるコンピューターにインターネットを通じてアクセスし、表示に必要なデータを閲覧する端末まで持ってくる（ダウンロード）のです。受信したデータはそのままでは見ることができないので、専用の閲覧ソフトであるWebブラウザ（以降、ブラウザと表記）で見られる状態に生成し、表示させます。

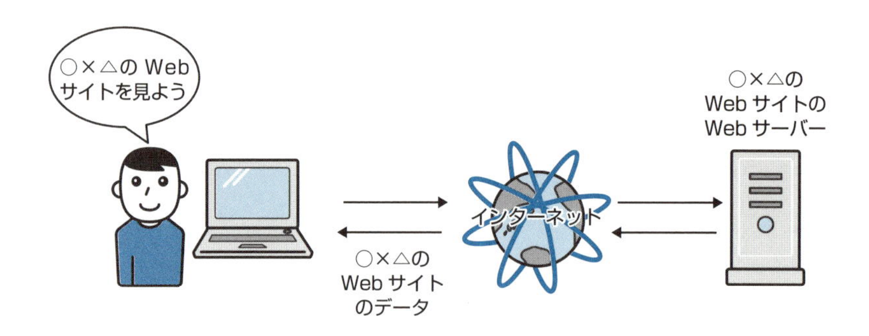

Webサイトを構成する要素

サーバーからダウンロードしてくるデータには、さまざまな種類があります。土台となる各ページの文章構造をつかさどるのが、HTML（HyperText Markup Language）という言語です。HTMLは、ハイパーリンク（Hyperlink）というしくみを使って、ほかの文章へリンクすることができます。クリックやタップ操作でほかのページへ移動できるのは、このしくみのおかげです。

文章や写真などのデータを入れてHTMLだけでページを作ることもできますが、ページのレイアウトを細かく整えたり変更するのは、HTMLは苦手です。そこで、ページのレイアウトや色などのスタイルをまとめて設定するのが、CSS（Cascading Style Sheets）という言語です。スタイルをCSSで定義しておくと、そのCSSを変更するだけで、HTMLの文章構造に影響を与えることなくページのレイアウトや色を変更できます。

これ以外にも、Webページに埋め込んだプログラムを実行するためのJavaScriptや各種データベースデータ、写真、音声、動画など、さまざまな種類のデータによってWebサイトは構成されています。

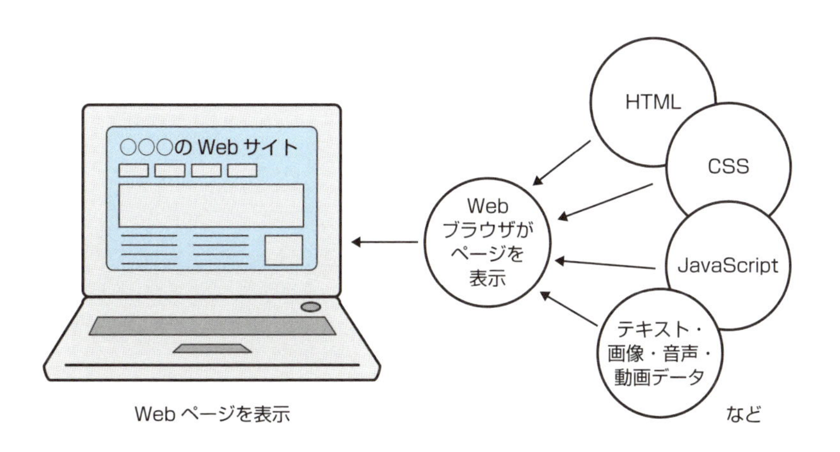

IPアドレスとドメイン名

Webサイトを表示させるにはデータをサーバーに取りにいく必要があります。世界中に星の数ほどあるサーバーのうち、どこに取りにいけばよいのかを判別するために必要となるのが、それぞれのサーバーの所在地を明確にする取り決めです。その取り決めのことをURL（Uniform Resource Locator）といいます。

そして、その取り決めの中で特定のサーバーの所在地である住所を示すものが、IPアドレス（Internet Protocol address）です。たとえば、本書の出版元である技術評論社のWebサイトのIPアドレスは、「160.16.113.252」です。ブラウザのアドレスバーにこの数字を入れてみると、技術評論社のWebサイトが表示されることがわかるでしょう。

ただし、実際には数字を打ち込んでWebサイトにアクセスするケースはあまりありません。通常は数字の羅列よりもわかりやすく、かつ覚えやすくするために、数字を文字に置き換えたドメイン名というものを使います。技術評論社のWebサイトのドメイン名は、「gihyo.jp」です。

IPアドレス　160.16.113.252
数字はコンピューターにはわかりやすいが、人間にはわかりにくい

ドメイン　gihyo.jp（技術評論社）
文字にすることでわかりやすくなる

サーバーとネットワーク

前項で説明したとおり、私たちがWebサイトにアクセスするときに通常はドメイン名を使います。そこで活躍するのが、対象となるWebサイトのデータのありかを教えてくれるサーバーです。

Webサイトのデータを格納し、閲覧者のブラウザからのリクエストに応えて必要なデータを提供するのは、Webサーバーです。そして、データのありかを教えてくれる案内人のような役割を担うサーバーは、DNS（Domain Name System）サーバーと呼ばれています。

たとえば、技術評論社のWebサイトを見ようとして、ブラウザに「http://gihyo.jp」と入力します。そうすると、インターネットのネットワークを介して最寄りのDNSサーバーにhttp://gihyo.jpのIPアドレスが何であるかを尋ねにいきます。その結果、IPアドレスが「160.16.113.252」であるとわかると、その番号（住所）のサーバーにアクセスし、データをダウンロードして、ブラウザに表示させます。

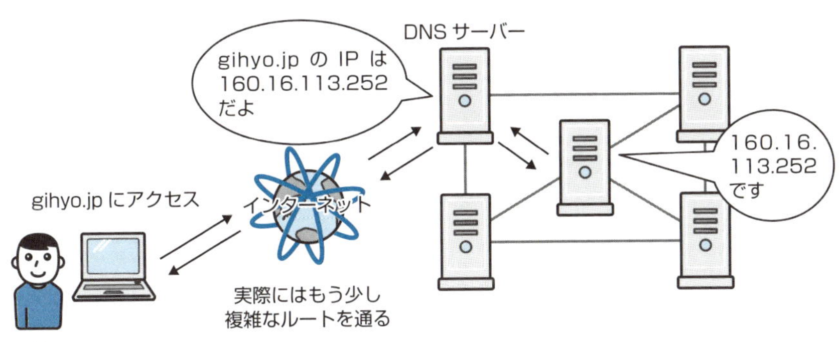

- Webサイトが表示されるしくみを知る
- Webサイトがどのようにできているかを知る
- IPアドレスとドメイン名の関係を知る
- サーバーの役割とネットワークについて知る

SECTION 02

Webサイトの目的を明確にしよう

Webサイトの目的

Webサイトを構築するときに最初に考えるべきことは、そのWebサイトを構築する目的です。どこにいくのかを決めなければ、どちらの方向に向かって歩けばよいのかわかりません。Webサイトも同様に、何を目的に構築するのか明確にしておかないと、時間と労力を無駄にすることになりかねません。

目的を明確にするときには、注意が必要です。たとえば、「当社の商品を販売するWebサイトを作ること」といったように、Webサイトを作ること自体が目的となってしまっているケースもあります。Webサイトを作ることは手段であり、本来の目的は商品を売ることです。目的と手段を混同しないようにしましょう。

また、1つのWebサイトに「商品を売る」「会社概要の告知」「求人募集」など、複数の目的がある場合も多いということも覚えておきましょう。

目的を決めなければ、どの道を行けばよいのかわからない

目的と目標との違い

目的と手段を混同しがちなのと同様に、目的と目標も混同しがちです。文字を見比べてみると、「目的」は目指す的（まと）であり、「目標」は目指す標（しるべ）です。

そう考えると、Webサイトにおいての「目的」とは、たとえば「売り上げの獲得」のように、Webサイトを通じて「手に入れたい結果」であることがわかります。一方、「目標」とは「獲得したい売上金額」のように、具体的な数値で示せるものです。最終的な目的に向かう道筋における、中間的な目じるしとしての使い方もあります。

なお、目標には、具体的数値で定める「定量目標」のほかに、目標とするあり方を定める「定性目標」という言葉もあります。ただし、Webサイトにおける「目標」については、あくまでも数値で定めるべきものだと考えましょう。

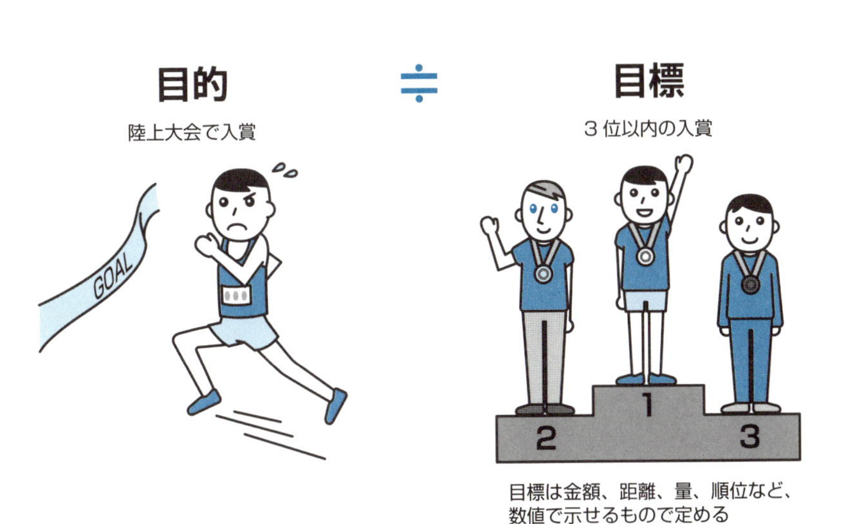

目標の達成方法を算式にする

目標が数値として明確になったら、それを達成する方法を数値で考えてみましょう。Webサイトでの成果を考えるときには、原則となるかんたんな算式があります。

アクセス数×コンバージョン率×販売単価＝売上金額

アクセス数とは、単純にそのWebサイトを訪れた人数と考えてください。その訪れた人のうち、注文や応募、資料請求など、そのWebサイトで訪問者にしてもらいたい行動に至った人数の割合のことをコンバージョン率（Conversion Rate）といいます。転換率や成約率ということもあります。

たとえば、採用活動を行っている会社の求人サイトに100人の訪問があり、そのうちの3人が応募したら、コンバージョン率は3%です。結果として得られる成果は、3件の応募ということになります。

商品を販売するECサイトの場合には、それに加えて1人あたりが購入する販売単価を計算に入れることで、売上金額を算出できます。たとえば、100人が訪問してコンバージョン率が3%、1人あたりの購入額（販売単価）が1万円なら、売上金額は3万円です。売り上げを伸ばすためには、アクセス数、コンバージョン率、販売単価のいずれか、もしくは全部の値を上げていくことが必要です。

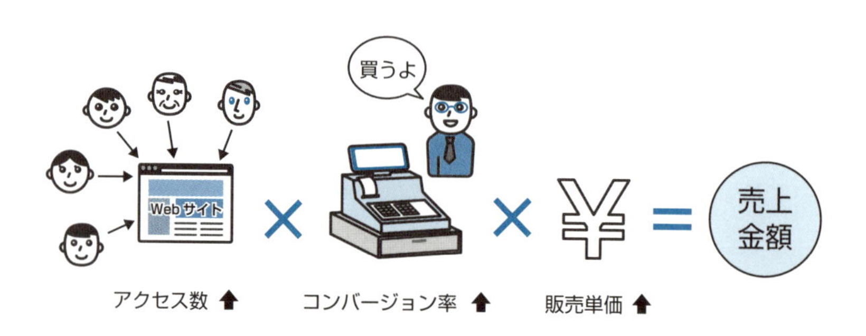

KPIを設定する

KPIという言葉を聞いたことがあるでしょうか。KPI(Key Performance Indicator)とは、重要業績評価指標と訳されます。同様に、KGI(Key Goal Indicator)とは、重要目標達成指標と訳されます。

つまり、KGIはゴールとして設定した達成すべき数値目標のことです。そして、KPIはそのゴールである数値目標を達成するために欠かせないさまざまな構成要素のうち、特に重要な要素の数値目標のことです。

前項で学んだ算式にのっとって考えてみましょう。たとえば、KGIは2億円の売り上げとして、その2億円を実現するために欠かせないコンバージョン率が5%であれば、それをKPIとして設定するわけです。

もちろん、KPIはコンバージョン率に限らず、アクセス数や販売単価、あるいはそれ以外にすることも考えられます。何をKPIにするかによって行うべきことも変わってきますので、慎重に設定しましょう。

売上金額		アクセス数		コンバージョン率		販売単価
2億円	＝	40万アクセス	×	5%	×	10,000円

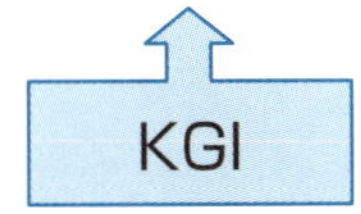

目標として設定した金額の2億円を上回れば成功、届かなければ失敗ということになる

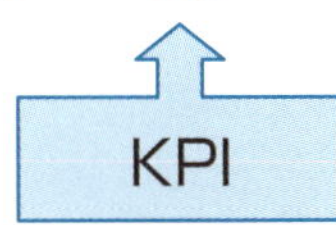

KPIが複数あってもかまわないが、とくに何に力を入れるのかを明確にするためにも、できるだけ少なく絞り込むのがよい

まとめ

- Webサイトの目的を明確にする
- 目的と目標の違いを理解し、目標を明確な数値として設定する
- 目標の達成に必要な数値を算式にしてみる
- KPIを定める

誰のためのWebサイトなのかを考えよう

誰が顧客なのかを認識する

われわれの顧客は誰か？　これは、「マネジメント」という言葉を生み出した社会学者のP.F.ドラッカーが、経営者に投げかけた問いの1つです。どんな商売でも顧客がいなければ成り立ちません。それは、Webサイトの目的を達成するうえでも同様ですが、Webサイトでは顧客の姿を直接見ることがないせいか、意識されにくい傾向があります。しかし、このことを忘れて商品やサービスの性能を声高にアピールしても、決してうまくいきません。

たとえば、魚を釣るときには、魚が好むミミズなどのエサを釣り針に付けます。ケーキで魚を釣ろうとする人はいないでしょう。自分たちの商品やサービスを利用してくれるであろうお客さんがどんな人たちで、どこにいるのかをしっかりと認識することが大切です。

川魚は、川で魚の好きなエサを付けて釣る

プールでケーキをエサにしても釣れない…

顧客・自社・競合会社の関係を知る

商売では、たいていの場合、同様の商品を扱っている競合会社が複数存在します。それらの会社と競争しながら、顧客に自分たちの会社から購入してもらわなければなりません。

そのために、「3C」という「顧客（Customer）」と「自社（Company）」、「競合会社（Competitor）」との関係を理解する必要があります。顧客とはどんな人たちで、何を求めているのか。それに対して自社は顧客にどのような価値を提供できるのか。そして、自社が競合会社に対して勝っている部分、あるいは不足している部分は何なのか。これらを明確にして、顧客にアピールしていきましょう。

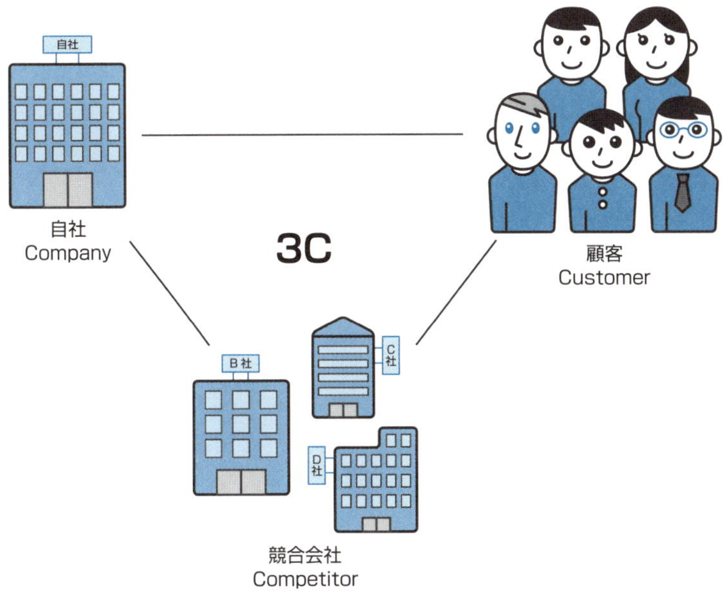

- Webサイトで成果を上げるために大切なのは顧客を知ること
- 顧客と自社、競合との関係を知っておく

目的に合った制作会社を選ぼう

制作会社の違い

目標が決まったら、それを達成できるWebサイトの構築に入ります。自社で構築する場合はともかく、Web制作会社に依頼する場合は依頼先によってでき上がりが大きく変わりますので、慎重に選びましょう。

Web制作業界はほかの業界に比べて歴史が浅いこともあり、専業の制作会社は大きなところでも従業員が数百名程度までの規模です。いわゆる大企業ではありません。筆者の調査によると、専業の会社や事務所は国内に数千社あるようですが、社員数10名未満で行っている会社が圧倒的に多いようです。会社ではなく、専業のフリーランスとして個人で活動している人も多いです。

一方で、広告や印刷の会社、システム会社などが兼業としてWeb制作を行っているケースもあります。

専業の会社は、Webサイトの構築やWebプロモーションに長けています。また、Webサイトとあわせて印刷物も制作したり、システムを組み込んだり、テレビをはじめ他媒体と連動した広告戦略の一環として制作する場合などは、兼業の会社のほうがやりやすいこともあります。

会社の種類	Webサイト制作専業	広告会社系	印刷会社系	システム会社系
メリット	Webサイト制作に関する知識・ノウハウ・実績が豊富	Webだけでなく、テレビなどほかのメディアも含めたプロモーションに強み	印刷物もあわせて制作する場合に強み	予約や管理データベースなどのシステムを備えたWebサイト構築に強み

制作会社を探す

実際に制作会社を探すには、いくつかポイントがあります。すでに取引している会社がある場合も、よい機会ですので、ほかにどんな会社があるのか調べてみましょう。

知り合いや取引先のWebサイトで気に入ったサイトがあれば、どこに制作を依頼したのか聞いて紹介してもらうという方法があります。その制作会社のよかったところだけでなく、よくなかったところも事前に聞けるのが大きなメリットです。しかし、そのような心当たりがなければ、Webサイトで検索して探すのが一般的です。

たとえば、やりとりのしやすさ重視で地元の制作会社にこだわって探すという考え方があります。その場合、地域名とあわせて「Webサイト制作会社」「ホームページ制作会社」などのキーワードを入力して検索します。地域にもよりますが、ある程度の数の制作会社が表示されるでしょう。

反対に、大都市の制作会社や、地域を問わずに探そうとすると、検索結果があまりにも多いかもしれません。その場合は自社の業種などもキーワードに追加すると、その業種に強い制作会社に絞り込んで検索することができます。

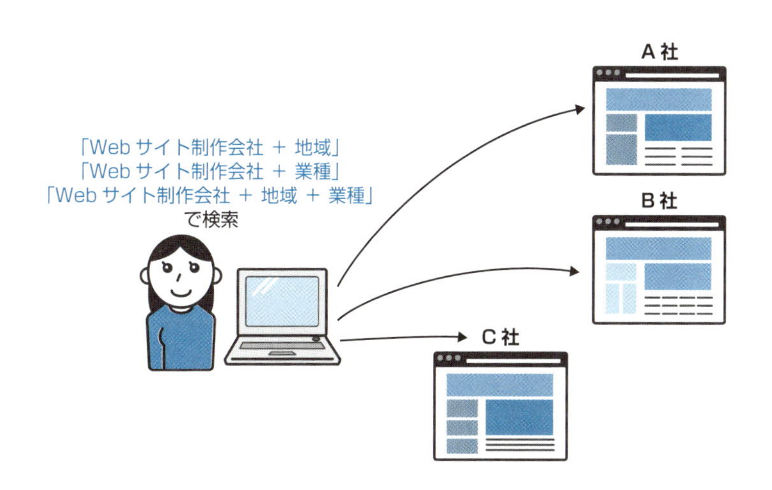

制作会社を選ぶ

検索した制作会社の情報をチェックしていく際に大事にしたいのが、その会社のWebサイトを見たときの第一印象です。「いいな」「いまいちだな」という印象は、そのように感じる理由がわからない場合でも、あてになることが多いものです。たとえデザイン的には古さを感じたとしても、しっかりと管理されているWebサイトなのかどうかはわかるものです。まずは感じ取るということを大事にしましょう。

次にチェックするのは実績です。どんなWebサイトを作っているのか、どんな業種を得意としているのかなど、その会社の特徴や強みを知るには実績を見るのがいちばんです。場合によっては、実績として紹介されている会社（クライアント）に、その制作会社の評価を尋ねてみるのもよいでしょう。

それから、会社概要や制作ポリシーなどを紹介しているページを見て、実際に問い合わせをするかどうか判断しましょう。もし、採用情報が掲載されていれば、会社の雰囲気などを知ることができるかもしれません。あわせてチェックしておきましょう。

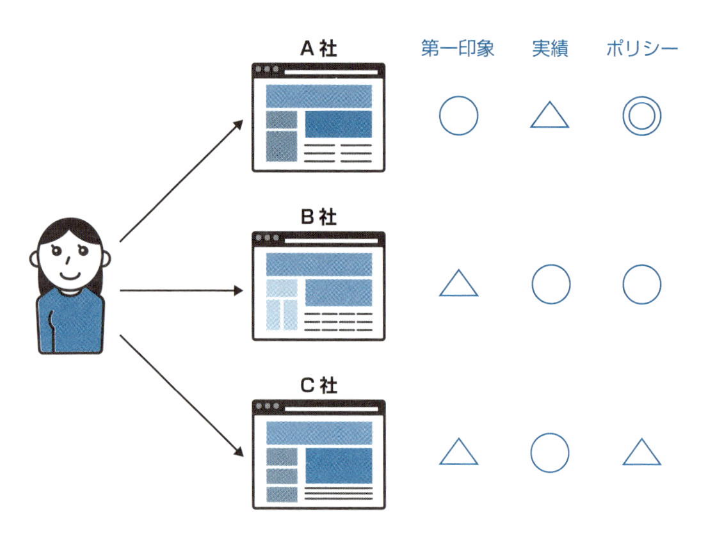

第一印象、実績、会社概要、ポリシー、採用情報などをチェックする

制作会社に問い合わせをする

よさそうな制作会社をいくつか見つけたら、問い合わせをします。Webサイトの問い合わせフォームからではなく、あえて電話で問い合わせてみると、そのときの対応などから会社の雰囲気がよくわかります。電話番号の掲載がない、あるいは目立たないなど、電話での問い合わせを歓迎しない姿勢が感じられる会社は避けたほうがよいでしょう。

問い合わせの際は、作りたいWebサイトの概要とボリューム（ページ数）、だいたいの予算を伝えます。リニューアルの場合は、制作会社に現行のWebサイトを見せて説明できるので話が早いです。まったく初めてのWebサイトを作る場合は、説明するのが少々難しいかもしれません。Webサイトを作る目的と目標を伝え、あとは制作会社に任せましょう。その後、制作会社の担当者と会う際に、だいたいのページの構成と見積もり、委託した場合のおおまかなスケジュールを提示してもらうようにします。

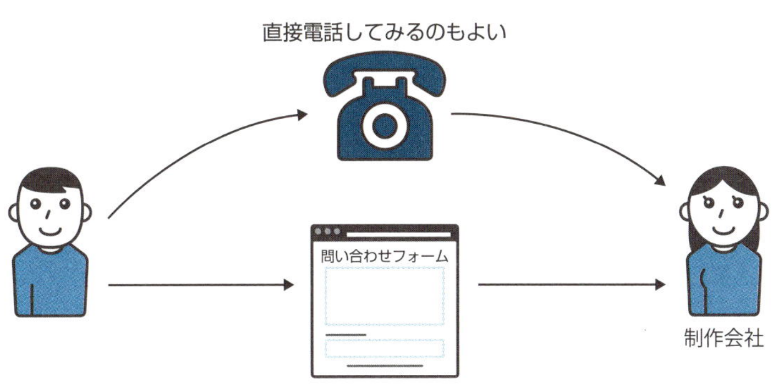

委託要件を決めておく

Webサイト制作を委託するのが初めての場合でも、できる限り、事前に委託する要件を明確にしておくべきです。とくに複数社のコンペで委託先を決める場合、これは必須となります。

委託する要件や制作したいWebサイトの仕様、目的、目標、機能、性能などを明確にすることを「要求定義」といいます。それを書面にまとめたものが「提案依頼書（RFP）」です。いずれも、もともとシステム業界で使われていた言葉で、現在ではWeb制作の現場でも一般的に使われるようになりました。

委託要件を定めておくべき理由は、コンペの条件を揃えるだけでなく、制作会社に求めることを明確に伝えることで、認識の違いから生まれるプロジェクトの遅延や混乱をあらかじめ防ぐところにあります。また、制作を委託する側（クライアント）にとっても、メンバーの意識を統一し、スムーズな意思疎通や業務遂行のためのベースとなります。

要求定義の主な項目

サーバー	ドメイン要件	Webサイトの役割
Webサイトの目的	Webサイトの目標	競合会社
想定顧客やユーザー	イメージ	理念
掲載項目	必須要件	ボリューム
予算	素材の提供	公開希望日
リニューアルであれば現状の提供	保守運営の見通し	

制作会社を決める

複数の制作会社に話を聞いたら、委託先を決定します。

決めるときには、見積もり金額のみで判断しないようにしましょう。Web サイトは原則としてオーダーメイドで作っていくものです。たとえ同じ料金がかかったとしても、でき上がってくるものは制作会社によってまったく別物になります。

前項で定めた委託要件に対応でき、目的や目標の達成が見込める会社であるかという点で決めるのがよいでしょう。

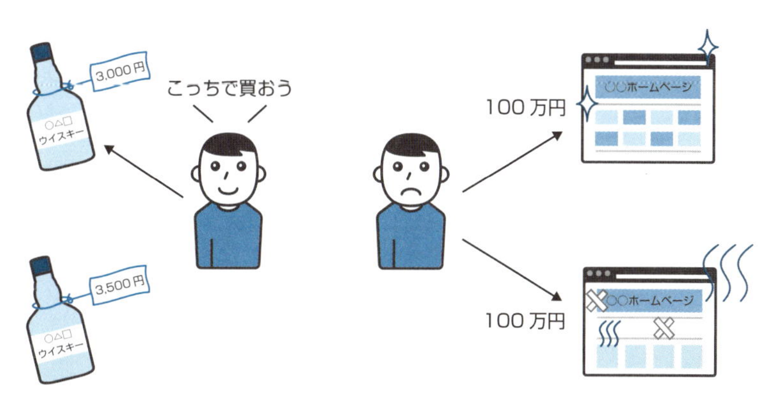

同じものなら安いほうがよい　　Web サイトは、同じ値段でもできるものは違う

まとめ

- 制作会社にどんな種類や特徴があるのかを知る
- 制作会社の探し方を知る
- 制作会社を選ぶ際に注意することを知る
- 問い合わせの際の注意点を知る
- 委託要件をまとめておく
- Webサイトの目的と目標を達成させる力を持った制作会社を選ぶ

SECTION 05

制作体制を確認しよう

プロジェクトチームの立ち上げ

制作会社を選定したら、プロジェクトチームを立ち上げます。

まずはキックオフミーティングを実施して、制作を委託するクライアントと委託される制作会社のメンバーが一同に会し、顔合わせをします。その際に、双方の窓口担当者と最終決済者を明確にしておきます。

ここでは、目的や目標、想定ユーザー、要求定義を再確認し、制作スケジュールを共有します。また、コンペや制作会社選定時に出されたデザイン案をもとに変更事項などの要望を伝え、デザインの修正方向を決めることもあります。このタイミングで契約書についても合意を得ておくことが望ましいので、想定される費用を再確認し、最終的な見積額の承認ができるようにしておきましょう。

キックオフミーティング

メンバーの役割分担

クライアント側は、総務や広報、企画、情報システム部門などの社員がプロジェクト担当者になることが多いと思います。ここでは、制作会社側のメンバーの職種とそれぞれの役割を確認しておきましょう。

基本となるメンバーは、プロデューサー、ディレクター、プランナー、デザイナー、コーダー、システムエンジニア、プログラマーといった構成になります。ほかに、素材やコンテンツの作成に関わる職種として、ライター、カメラマン、コピーライター、エディターがいます。これらのメンバーは、制作会社からさらに外注されることも少なくありません。さらには、情報の効果的な発信設計を行うインフォメーションアーキテクト、ユーザビリティ（使い勝手）を高める専門家であるユーザビリティエンジニア、デザイン面を統括・監督するアートディレクター、分析に精通したコンサルタントやアナリストなどが必要に応じて加わります。

Webサイトの大規模化・高度化に伴い、制作スタッフの役割も専門化し、このように多様なメンバーが制作に関わっています。

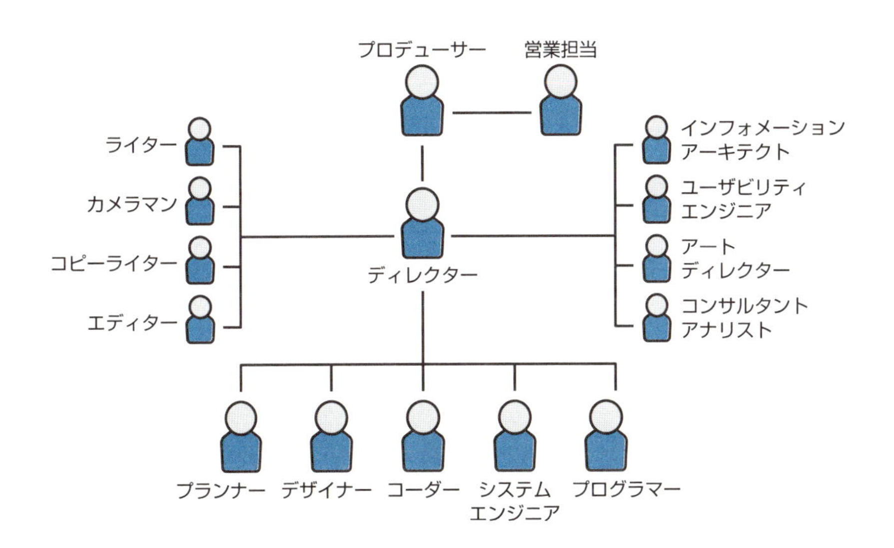

予算を確保する

制作会社の選定時に概算見積もりは出ているはずですが、制作会社と作業範囲を定めていく中で、最終的な制作費用を確定させましょう。

すでに予算を与えられている場合もあれば、制作会社が決まってから稟議を上げて決裁を受ける場合もあるでしょう。その際に注意しなければならないのが、制作以外の費用まで考えられているかという点です。

たとえば、サーバーやドメインなどの費用は見落としがちです。第6章でも説明しますが、とくにサーバーについては安定運用やセキュリティへの対策を考慮し、余裕のある強固なものにしておきたいものです。また、Webサイトは制作そのものが目的ではなく、Webサイトの完成はいわばスタートです。更新作業や広告出稿などの費用もかかってきますので、制作以外の費用をしっかり確保しておきましょう。

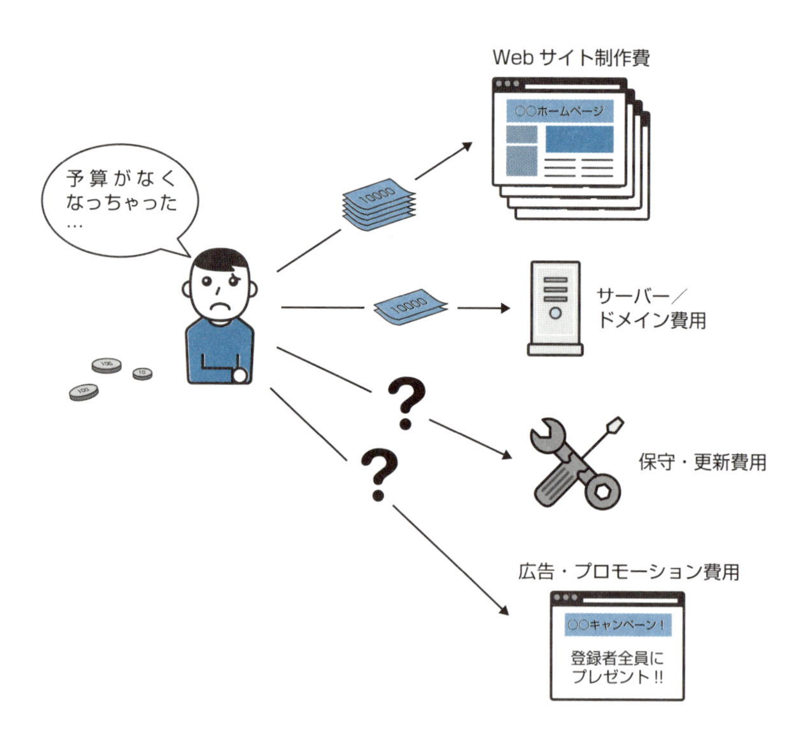

スケジュールを作成して共有する

制作をつつがなく進めるには、無理・無駄のないスケジュールを定め、クライアントと制作会社の双方で共有することが大切です。

おおまかな工程としては、サイトマップの作成、トップページレイアウトの作成、下層ページのレイアウト作成、デザイン、コーディング、各ページの入力作成、問い合わせフォームなどの設置、動作確認、納品、検収、本番公開という流れになります。

多くの作業は制作会社側で行いますが、クライアント側の作業として、テキストや写真、イラスト、図、動画などページに入力する素材の用意や、各工程でのアウトプットに対する確認作業などがあります。

余裕のあるスケジュールを意識し、各作業を実施するタイミングと締切日を工程表で明確にして、共有しましょう。

スケジュールを定め、すべき作業を知っておく

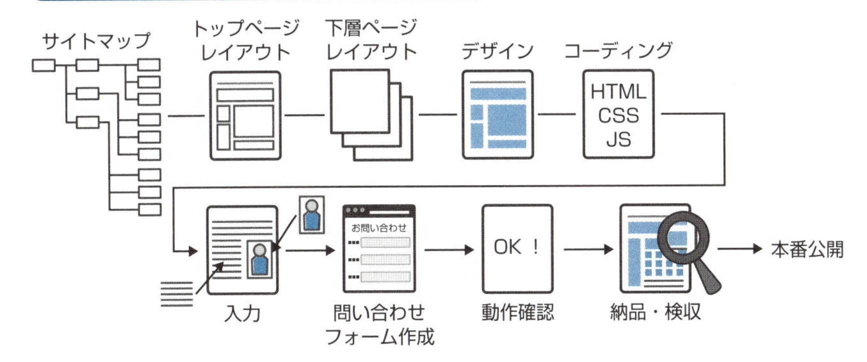

まとめ

- プロジェクトのスタート時に行うことを知る
- プロジェクトメンバーの役割を知る
- 制作以外の予算も確保する
- 制作の工程を知っておく

情報を整理して サイトマップを作成しよう

サイトマップとは

サイトマップという言葉は、2つの意味で使われます。1つは、Webサイトの中で、各ページへのリンクを一覧にした目次のような役割を果たすページのことです。もう1つは、Webサイト構築を進めていくためにサイト構造を一覧にした設計図であり、構造設計書ともいいます。ここで説明するのは後者のサイトマップです。

Webサイトの構築は、家などを建築するのと似ています。よい家を建てるには、綿密に練られた設計図が欠かせません。どこに玄関を作るのか、リビングや寝室の位置をどうするのかなど、設計しておく必要があります。これはWebサイトにおいても同様です。

また、Webサイトには更新やページ追加がつきものです。完成後、どのような更新運営を行っていくのかまでを考えたサイトマップを作っておくことが大切です。

サイトマップ（構造設計書）は建築物の設計図と同じ

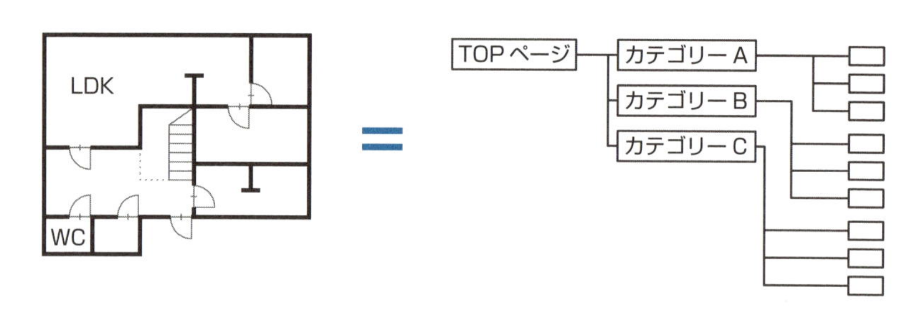

情報の分類と整理

Webサイトの構築を制作会社に委託する場合は、サイトマップの作成も制作会社側で行うことが多いですが、サイトマップの構成や作り方については学んでおいたほうがよいでしょう。ここでは、もっとも基本的な形である階層構造のサイトマップの作り方を紹介します。

まずは、階層のいちばん上にトップページを置きます。そして、Webサイトに掲載するすべての情報を、1ページに掲載できるボリュームに分けます。次に、それらのページを種類や性格ごとに分類して、グループにまとめます。さらに、類似したグループどうしをまとめていきます。この作業を繰り返して、もっとも大きなグループになったものをトップページ直下の第1階層に配置します。以下、第2階層、第3階層……と配置します。

ユーザーがWebサイトの構造を理解しやすい設計にするために、あまり奥深い階層構造にならないように注意しましょう。

情報の種類ごとにまとめていく

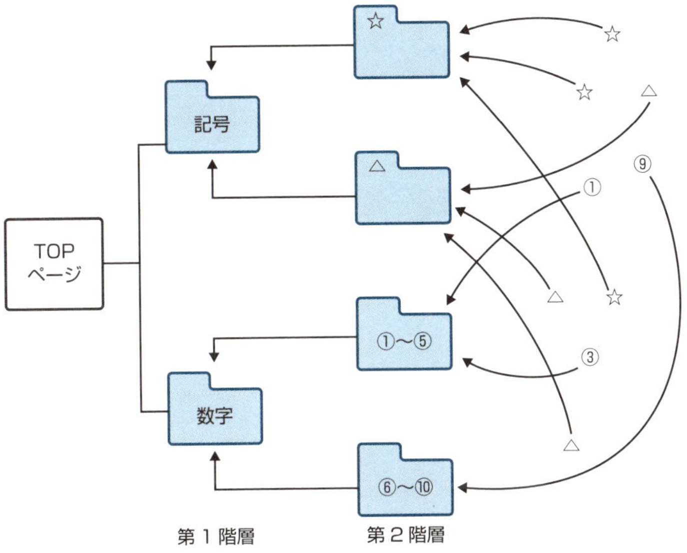

TOPページ
記号
数字
☆
△
①〜⑤
⑥〜⑩
☆ ☆ △ ① ⑨ △ ☆ ③ △
第1階層
第2階層

掲載しなければならない情報

サイトマップの作成は、Webサイトに掲載する情報を考え、見直す機会でもあります。ユーザーはどんな情報を必要としているのかを基本として、Webサイトの目的を果たすため、そして健全な運営をしていくために、それぞれ何が必要不可欠で、何があれば望ましいのかを考えましょう。

多くのWebサイトに共通する目的達成に必要な情報としては、商品やサービスの紹介があります。実際に販売もしているWebサイトなら、購入方法や購入条件などの情報も必要です。加えて、Webサイトの運営者情報も欠かせません。ユーザーにとっては、運営者がどんな会社や人なのかという情報は、そこでのサービスを受けるかどうかの大きな判断材料になります。何かを購入する場合はもちろん、情報入手のためだけに訪問した場合であっても、その情報をどんな会社や人が発信しているのかによって、信ぴょう性が大きく変わってくるものです。

シンプルにいえば、ユーザーの立場で考えたときに「その情報がなければ、自分がそのWebサイトに期待したことができない」と感じたものは、必ず掲載しなければならない情報ということになります。

掲載すべき情報は、目的を達成するために必要な情報

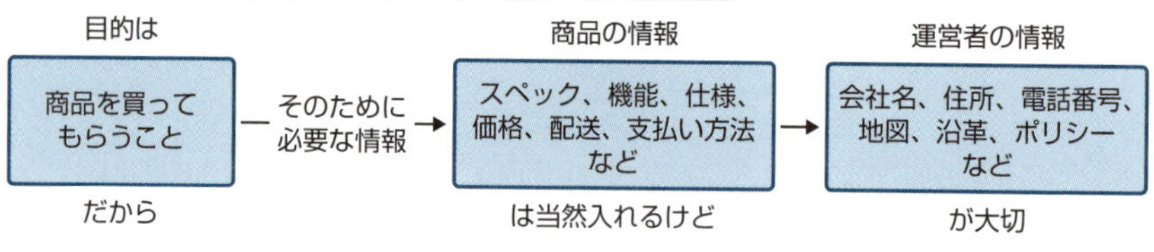

目的は
商品を買ってもらうこと
だから
— そのために必要な情報 →
商品の情報
スペック、機能、仕様、価格、配送、支払い方法など
は当然入れるけど
→
運営者の情報
会社名、住所、電話番号、地図、沿革、ポリシーなど
が大切

導線を考える

導線とは、文字どおり導く線のことです。ユーザーが訪れる最初のページからWebサイトの目的を果たすためのページまで、どう遷移してもらうかを考えて道筋を設計します。

たとえば、通販サイトであれば、最初に訪問したページ（ランディングページ）から、商品を選んで購入する申し込みページや、申し込み完了を示す購入感謝画面のページまでの誘導を考えます。

下手な導線ではユーザーの混乱や不信を招き、購入前に出ていかれてしまう（離脱）恐れがあります。Webサイトの目的を達成するまでの間に、ユーザーが必要とする情報と見たいと思うタイミングを想定し、必要なときにすぐに見られるように用意しておくことが大切です。

ユーザーの立場になって導線を考える

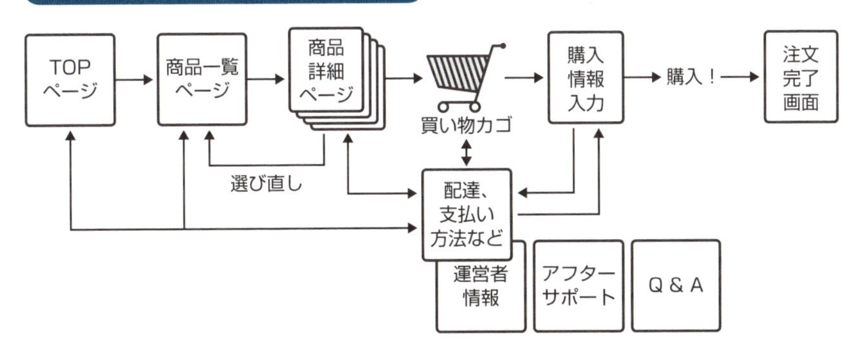

まとめ

- サイトマップの役割と作り方を知る
- 情報の分類と階層構造での整理のしかたを知る
- 目標達成に必要な情報に加えて運営者情報も掲載する
- 導線の設計がWebサイトの成功を左右する

画面設計書を作成しよう

画面設計とは

Webサイト全体の構造を設計するサイトマップを構造設計書とも呼ぶのに対して、各ページのどの位置にどんな情報を表示させるかを設計したものを画面設計書といいます。情報を置く場所を線で囲んで指定することからワイヤーフレームと呼ぶこともあります。

ワイヤーフレームは手書きでもよいのですが、確定まで何度も修正を加えていくことが多いので、デジタルデータで作るのがおすすめです。

画面設計に織り込む要素は、コンテンツそのものと、ナビゲーションと呼ばれるリンク要素です。ページ内で伝えたいことをしっかりと伝えられるコンテンツ配置をすると同時に、その次のページへとわかりやすく自然に誘導できるリンクの配置が重要になります。

ワイヤーフレームの例

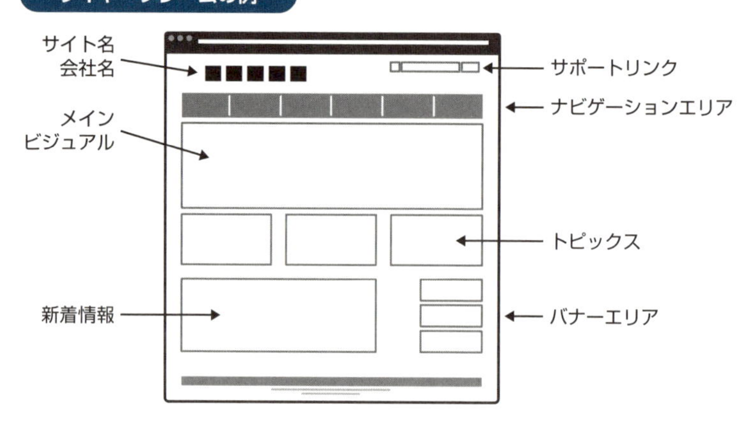

どのように見られるのかを考える

画面設計を行ううえで意識しておきたいのが、ユーザーがページをどのように見るかということです。ユーザーの視線の動きは、基本的に「左から右へ」そして「上から下へ」と流れます。

「左から右」というのは、Webサイトに書かれている文字が横書きで、左から右へと書かれているからです。Webサイトに限らず、本や雑誌でも横書きであれば、右のページをめくって読み進んでいくことになります。また、Webサイトを閲覧するためのブラウザは「戻る」ボタンが左向きの矢印、「進む」ボタンが右向きの矢印です。「進んでいく方向は右」というのが、ユーザーの自然な感覚なのです。

「上から下」というのも、人間の自然な感覚です。ブラウザにもページの上部から表示されます。ただし、長いページの場合、最初に画面に表示されるのはページ上部の一部だけで、その下はスクロールしないと見られないということに注意しなければなりません。

スクロールなしで最初に見える範囲を、ファーストビューといいます。ユーザーによっては、その下にページが続いていることに気付かず、スクロールせずにリンクをたどって別のページへと移動してしまうことがあります。見てもらいたい要素は、ファーストビューで表示される上部に配置するようにしましょう。

人間の視線は上から下、
左から右が基本

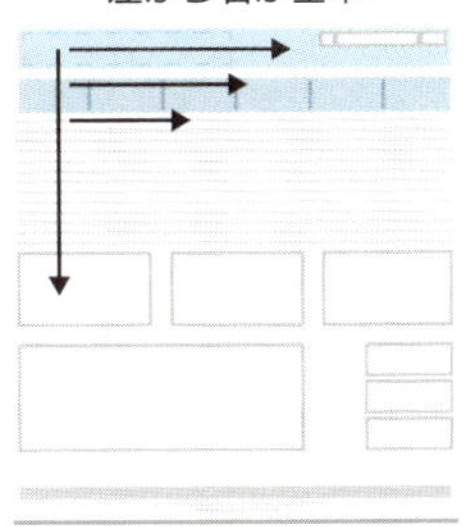

パソコンやスマートフォンで表示されるのは
ページの上部、画面の面積分だけ

人間の心理や認知方法

画面設計をするうえでは、人間の心理や認知特性についても知っておきたいところです。人間の認知のしかたには、次のような特性があります。

- 大きな文字で書かれていることは気に留めて認識するが、小さな文字で書かれていることは読まないことが多い
- 赤文字で書かれていることは重要だと認識する
- ページの下部よりも、上部に書かれていることのほうが認識しやすい
- 文章よりも写真に目を引かれる。風景の写真よりも人間の（とくに顔がしっかりわかる）写真のほうが目を引き、印象に残りやすい
- 静止画像よりも動画のほうが強い印象を受ける
- 文章よりも箇条書きのほうが理解しやすい

ユーザーの印象に残り、Webサイトの目的を達成できるようにユーザーを導いていくためには、人間の心理や認知方法を知り、それをうまく利用した画面設計にすることが大切です。

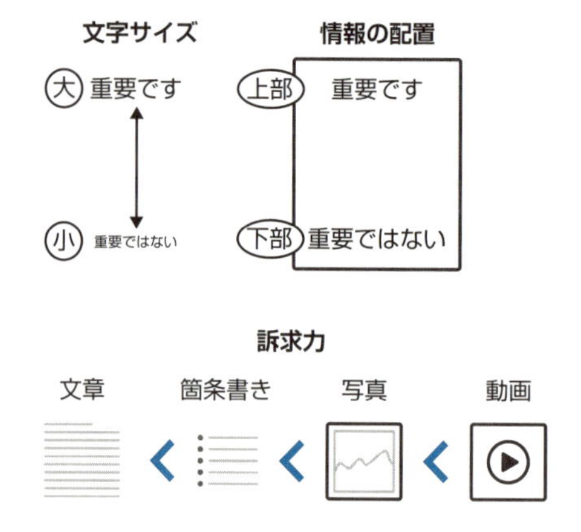

スマートフォンやタブレットの画面設計

現在では、パソコンだけではなく、スマートフォンやタブレット向けの画面設計もしなければなりません。

作成方法は2通りあります。1つは、パソコンサイトとスマートフォンサイトをそれぞれ別に構築する方法です。もう1つは、レスポンシブデザインと呼ばれる方法です。同じコンテンツデータをパソコン、スマートフォン、タブレットそれぞれに適したサイズやレイアウトで表示させます。元データ1つを変更すれば端末に合わせて反映されるので、この方法で制作されるケースが増えています。

パソコン、スマートフォンでどう見えるのかを考える

まとめ

- 画面設計がページのわかりやすさや、ナビゲーションの使いやすさを左右する
- ページがどのように見られるのかを知る
- 人間の心理や認知方法を上手に利用する
- スマートフォンやタブレットの画面設計の方法を知る

Webサイト構築の進行を管理しよう

スケジュールの進捗管理

Webサイトの構築では、クライアント側の確認に時間がかかり、スケジュールが遅延することも少なくありません。ありがちなのが、担当者が多いために合意を得られないケースや、社長のOKがなかなか出ないといったケースです。どちらの理由であれ、制作会社とクライアント側の窓口担当者の双方に大きな負担がかかります。

そこで、そのような理由でスケジュールを遅延させないために、契約した納期にクライアント側の都合で間に合わなくなった場合は、別途費用が発生する旨の条項を入れておく方法があります。新たな費用の発生はクライアント側も避けたいことなので、一気に進む効果があります。

クライアントにとって不利な条件のように感じますが、予定した納期に間に合わないことによる機会損失や、遅延による担当者の負担、そこにかかる人件費などを考えれば、検討してみる価値はあるでしょう。

スケジュールの遅延にどう対応するか決めておく

素材の用意

制作が始まると、クライアント側の作業として、素材の用意が必要です。リニューアルの場合は、現行のWebサイトのコンテンツをある程度流用することが可能です。ただ、新規制作の場合でも、すべての素材を新たに作らなければならないとは限りません。たとえば、紙のパンフレットや会社概要などがあれば、制作した印刷会社に依頼して、もとのデジタルデータを入手できることもあります。

それでも素材が揃わなければ、作るしかありません。テキストデータは自前で作成するケースが多いですが、写真や動画などはプロに依頼することをおすすめします。Webサイトでは、写真などのビジュアルの品質がWebサイトの印象を大きく左右するからです。

最近はカメラをはじめ撮影機材の性能がよくなったこともあり、自分たちで撮影することも可能です。しかし、プロが撮影したものと比べると違いは歴然としています。相応の費用はかかりますが、できる限り依頼したほうがよいでしょう。

なお、自社製品の写真などは撮り下ろしが必須ですが、イメージとして使うような写真であれば、撮影するのではなく写真素材を販売しているWebサイトで購入することもできます。

費用がかかってもプロに頼む意味がある

プロの写真を使用
○○ワイン
おいしそうだな

素人の写真を使用
○○ワイン
写真がいまいちだな…

制作会社とのやりとり

制作会社とのやりとりで主にクライアント側が行うのは、素材の提供と制作会社から依頼される各種確認作業です。節目節目では対面でのやりとりもあり、アナログの素材を郵便や宅配便で送ることもありますが、基本的にはメールや電話でのやりとりがほとんどです。

インターネットを使ったデータの受け渡しは、外部に情報がもれないように配慮して、セキュリティが確保された状況で行うことが大切です。たとえば、メールで素材データを送るときには、パスワードをかけるようにします。サーバーを介して大量データの転送を行うオンラインストレージサービスなどを使って送る際には、さらに複雑なパスワードを設定したほうがよいでしょう。

また、制作過程の Web サイトは仮のサーバーに設置して確認をすることが多いですが、その場合も ID とパスワードを使った認証をかけるなど、セキュリティを高めた状態で行うようにしましょう。

データ受け渡しの際のセキュリティに注意する

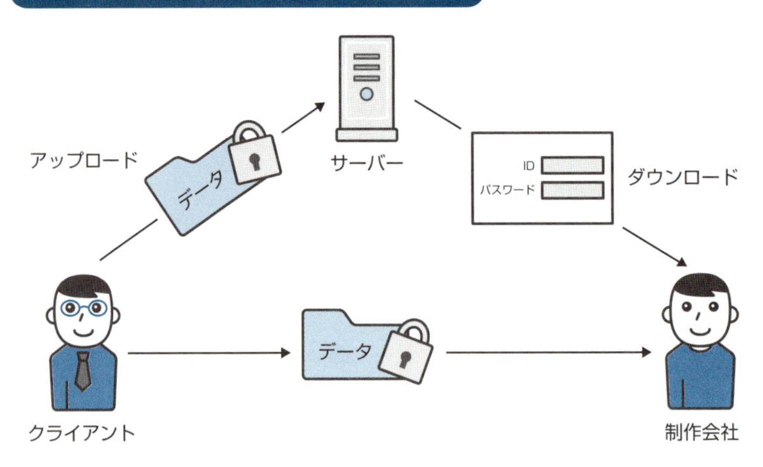

検収とテスト

Webサイト構築作業が完了すると、制作会社側でのテスト（動作確認）を経て、クライアント側で検収とテストを実施します（P.54～P.57参照）。

仕様どおりにできているか、コンテンツに間違いがないかなど、綿密に確認していきます。問題がなければ検収に合格した旨を制作会社に伝え、晴れて納品となります。制作会社側でWebサイトの全データをサーバーの本番環境に上げて、納品完了とするケースが多いです。

しかし、納品時の検収作業で見つけられなかった不具合があとから出てくることもあります。その場合の対応方法として契約時に設けておく条項が、瑕疵（かし）担保責任に関する項目です。これは、納品後に不具合が見つかり、その責任が制作会社側にあると認められる場合は、制作会社の費用と責任において修正するという内容です。通常は6ヶ月程度の対応期間を設定することが多いです。

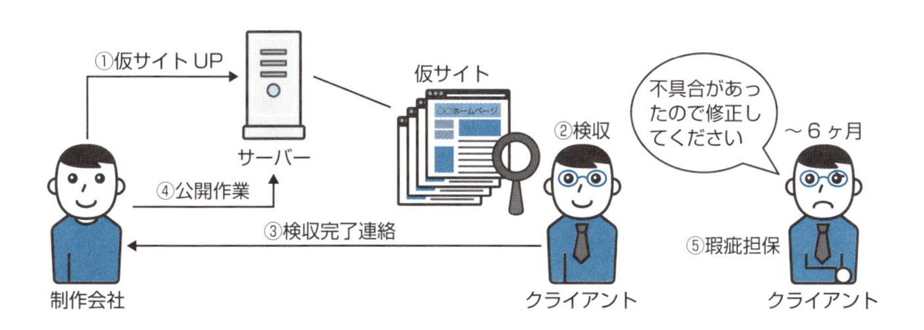

まとめ

- スケジュールを遅延させない方法を知る
- 素材作成にプロの力を使う
- 制作会社とのやりとりはセキュリティを確保して行う
- 瑕疵担保責任の取り決めをしておく

SECTION 09

文章の校正と動作確認をしよう

校正と動作確認をする意味

校正作業は、誤字脱字がないか、意味が通じにくいところはないか、読みやすい文章になっているかなど、文章の品質を担保するために行います。伝えたいことをしっかり伝えるには適切な文章が必要ですし、文章の品質の高さはユーザーからの信頼を得るための重要な要素です。

一方、動作確認はWebサイトがしっかりと機能するか、とくにリンクやフォームなどのシステム部分についてテストを行います。これらに問題がある場合の影響は、文章の誤りよりも切実です。最悪の場合、Webサイトが使えないという状況にもなりかねません。

校正も動作確認も、地味で根気のいる作業ですが、大事な作業であることを理解しましょう。

校正や動作確認が不十分だと顧客の不信につながる

文章作成の注意点とガイドライン

Web サイトの品質を左右する要素として、デザインや写真、文章が挙げられます。とくに文章については、ぱっと見ではわからないものの、読み進めていくうちに品質の低いページが散見されると、Web サイトそのものの品質が疑われてしまいます。さらには、Web サイトの運営者に対する信頼も失われてしまうことになりかねません。

誤字脱字は論外として、文章が拙いために読みづらく、意味がよくわからなかったりする Web サイトも少なくないようです。主語が抜けているようなケースもあります。これらについての対策は、文章力を上達させるしかありません。いわゆる 5W1H といった文章作成の基本を学んでおきましょう。

また、文章作成のガイドラインも必要です。とくに、文章作成を複数人で行っている場合には、同じものを表す用語でも「Web サイト」「ウェブサイト」「ホームページ」のように表記のゆれが発生してしまいます。そこで、「Web サイト」に表記を統一するといった共通ルールを定めておくのです。ほかにも、「1 つのセンテンスは 150 文字以内に収める」などの決まりをガイドラインとしてまとめます。

ガイドラインにのっとった文章作成と厳格な校正作業によって、Web サイトの品質を保ちましょう。

ガイドラインを決めておき、守る

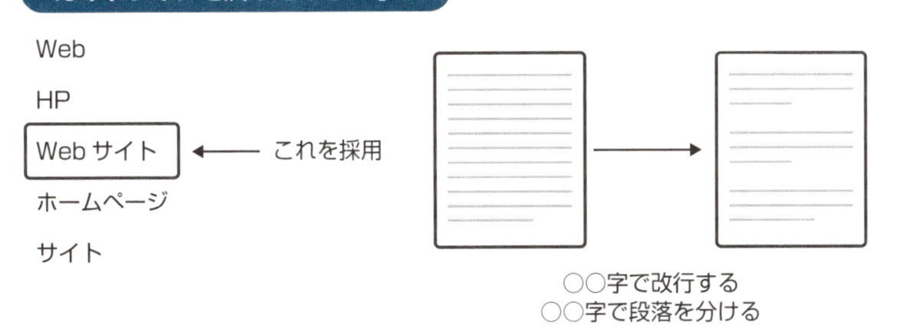

校正の方法と注意点

校正の作業は、できるだけ印刷して行うほうが望ましいです。理由として、紙に印刷されたものはパソコンの画面より見やすく、目に優しいことが挙げられます。また、紙であれば修正指示などを直接書き込めるというメリットもあります。修正指示を赤入れした紙は、制作会社に宅配便で送ったり、スキャンしてPDFデータで送信したりします。PDFの場合も制作会社側では印刷して紙の状態に戻したほうが修正しやすく、修正が完了した箇所を書き込んでチェックしていけますので、再確認の際に便利です。

校正の精度を上げるには、目で追うだけではなく音読することも大切です。また、校正作業は一度だけではなく、二度三度と繰り返しましょう。それぞれ別の人が行うようにすれば、格段に精度が向上します。

校正をするときの心構えも大切です。「しっかりとした文章のようだし、そんなに間違いはないはず」などと決めつけるのではなく、「1ページにつき3つくらいは、必ず間違いがあるものだ」という心構えで行うことで、集中力にも差が出てきます。

「文章に問題がないことを確認するため」ではなく、「誤りを見つけ、よりよい文章にするため」の校正にしましょう。

校正の注意点

動作確認の方法

リンクが正しく張られていることを確認するテストでは、回数は膨大になりますが、リンクをクリックまたはタップして確認します。

一方、問い合わせフォームや買い物カゴなどシステム的に作られた箇所については、入力項目がたくさんあったり、ユーザーによって使い方が違うケースがあります。そこで、テストケースと呼ばれるユーザーのさまざまな使い方をあらかじめ想定し、それらすべてのパターンについてテストを実施します。つまり、事前にどのようなテストケースを用意しておくかによって、確認できる範囲と精度が変わります。なお、問い合わせフォームのようにメールが送信されるものについては、制作会社側だけでなくクライアント側での動作確認も必須です。

また、ブラウザチェックと呼ばれる、種類とバージョンが異なるブラウザでのチェックも行います。パソコンで使う場合、スマートフォンやタブレットで使う場合の、それぞれについて確認が必要です。

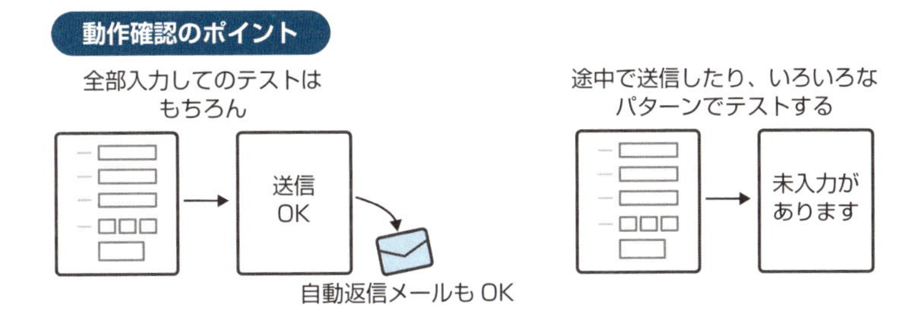

- 校正や動作確認を行う意味と方法を知る
- ガイドラインを作成し、Webサイト全体の品質を保つ
- 校正の方法と注意点を知る
- 動作確認の方法と注意点を知る

SECTION 10

CMSでWebサイトを構築しよう

CMSとは

CMS（Content Management System）とは、Webサイトを構成するコンテンツを一元的に管理し、Webサイト制作と更新運営をかんたんに行えるようにするシステムのことです。

従来、Webサイトの制作には、デザインの作成、HTMLやCSSによるコーディングなど、専門的な知識や技術が必要でした。CMSを使えば、それらの複雑な作業をCMSが裏側で処理してくれるため、かんたんな操作でWebサイト制作やページの更新を行えます。

これにより、従来は制作会社に委託していたクライアント側の会社が、自分たちでWebサイトを制作・更新するケースも増えてきました。

現在においては、CMSでは実現が難しいデザインや仕様でなければ、Webサイト制作にCMSを使うことは一般的になっています。

従来の制作方法

専門知識と技術が必要だった

CMSを使うと

専門知識や技術がなくても制作や更新ができる

CMSを使って更新する

従来のWebサイトの作り方では、自社にWebサイトの構築スキルを持つ人材がいなければ、更新の都度、制作会社に委託しなければなりませんでした。用意した素材を制作会社に送ると同時に更新の詳細を伝え、制作会社が更新したページを確認し、問題がなければ制作会社に公開を依頼するというやりとりは、非常に手間がかかるものです。同時に、双方の作業と確認に時間がかかるため、必要なときにすぐ更新するというわけにはいきませんでした。また、更新を依頼するたびに費用がかかり、更新のボリュームが大きければその費用の負担も増えるため、更新を躊躇(ちゅうちょ)してしまうようなケースもありました。

しかし、CMSを利用することで、こうした課題が解消されます。クライアント側にとってCMSを使ういちばん大きなメリットは、自分たちで更新運営が自在にできることです。CMSはサーバー上で稼働するソフトウェアで、それぞれのパソコンにインストールする必要はありません。そのため特定のパソコンに限らず、IDとパスワードがあれば、どんなパソコンからでも更新することができます。

CMSのメリットを最大限に生かして、積極的に更新していきましょう。

CMSを使うとやりとりの手間がなくなる

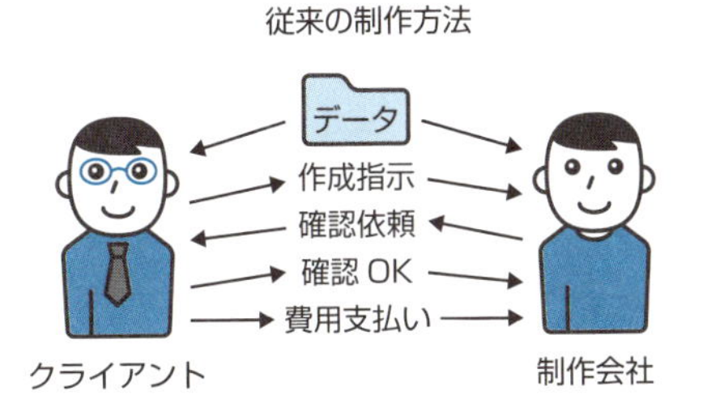

CMSの便利な機能

そのほかにもCMSの優れた点として挙げられるのが、従来の制作方法では起こり得るヒューマンエラーをシステムが防いでくれるところです。

たとえば、新しく作ったページは、Webサイト内のほかのページからリンクを張ってひも付ける作業が必要でした。CMSを使えば、システムが自動で確実にリンクを貼ってくれますので、作業ミスによるリンクエラーを防ぐことができます。

また、ページの公開や削除を日時指定で予約できる機能を持ったCMSもあります。この機能を使えば、たとえ休日や夜中であっても、人の手を介さずにページの公開もしくは古い情報の削除などが行えるので、公開や削除のし忘れを起こさずに済みます。

パソコンサイトだけでなく、スマートフォンサイトも同時に作ることができるCMSもあります。一度データを入力するだけで、両方のページを作成できるため便利です。

一方で、CMSにも弱点があります。それは、デザインの自由度に一定の制約があることです。凝ったデザインで作ることや、特殊な機能を追加することができないケースもありますので、その場合は従来の制作方法で作るしかありません。

予約しておけば安心して休暇を楽しめる

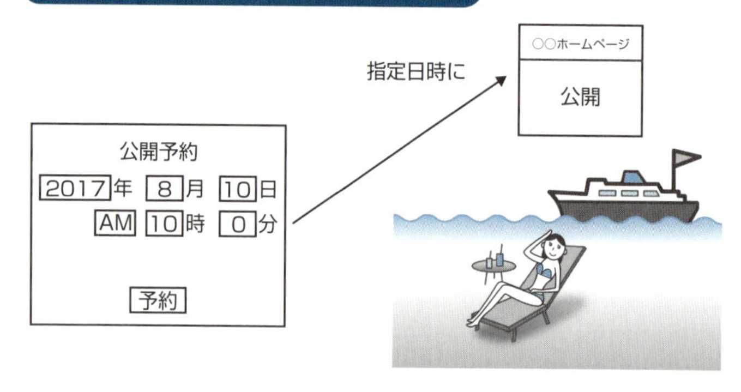

用途に合ったCMSを選ぶ

CMSには、無料で使えるものから高額なものまで、さまざまな種類があります。

ブログのように時系列に記事の追加をしていく簡易的なものもあれば、カテゴリーごとに情報を区分けして階層構造のWebサイトを制作・管理できるものや、商品の登録や購入手段といったショッピング機能があり通販サイトを構築できるものもあります。大きな組織でページの追加・更新を行う人が複数いる場合には、利用できる人を登録管理できたり、人によって使える機能を制限したりする機能を持ったCMSが便利です。また、公開前に上司の確認と了承が必要な会社向けに、あらかじめ登録しておいた「承認者」の承認が必要な承認機能のしくみを持ったものもあります。

どんなWebサイトを作りたいのか、どんな用途で使いたいのかを考えて、それに必要な機能を備えたCMSを選ぶことが大切です。

用途に合ったCMSを選ぼう

まとめ

- CMSとは何かを知る
- CMSを使うメリットと使い方を知る
- CMSの機能を知る
- 用途に合わせてCMSを選ぶ

COLUMN

Webサイトの制作費用について

Webサイトの制作を委託する際に、制作費用の見積もりが高いのか安いのかよくわからないというケースが少なくないようです。通常は、Webサイトの規模や機能、システムの有無などで、値段が変わってきます。小規模なWebサイトを数万円で制作してくれる会社がある一方、大規模サイトになると数千万円かかることも珍しくはありません。

制作するページ数が増えればページあたりの単価が下がるかというと、そうならないことも多いのが実状です。実際の制作の現場では、1ページあたり数万円の制作費用をかける会社もあれば、海外へのアウトソーシングなどにより1ページあたり数百円で制作する会社もあります。また、地域による格差もあり、地方に比べて首都圏では高めになる傾向があったりと、さまざまな要因で費用が変わってきます。

高ければ品質がよいとは限らず、一方で安かろう悪かろうでもありません。制作費用が妥当であるかどうかという判断は、なかなか難しいものですが、あくまでも目的や目標を達成するために、「この投資額は適切であるか」という視点で考えるのがよいでしょう。もちろん、目的や目標を達成できるWebサイトを制作してくれる制作会社を選ぶことが前提になります。

よくわから
ないなぁ…

第2章 Webサイトを管理しよう

Webサイトは構築したら終わりではなく、むしろそこがスタートです。ページの更新やコンテンツ追加はもちろん、問い合わせや注文への適切な対応など、日々の管理業務について学びましょう。

日々の管理業務の基本を知ろう

Webサイトを毎日確認する

Webサイト管理の第一歩は、Webサイトを毎日確認することです。それほど手間もかからない作業ですが、この第一歩ができていないケースも少なくありません。実在の店舗であれば、出勤すれば否応なしに店内の様子を確認することになります。しかし、これがWebサイトになると、能動的にWebサイトにアクセスする必要があるため、確認を怠ってしまうようです。

深夜の不正アクセスによってWebサイトが改ざんされていたのを、翌日の出社から相当の時間が経過してから、ユーザーからの指摘で気が付くといった例もあります。実在の店舗なら、夜中に泥棒に入られたのに、翌日に来店したお客さんからいわれるまで気が付かなかったのと同じことです。

毎朝出社したら、まずはWebサイトにアクセスして確認することを習慣にしましょう。

アクセスログを確認する

Webサイトでは、実在の店舗のように顧客や訪問者がどれくらい訪れているか、どのような行動をとっているかということを目で見ることはできません。そこで、ユーザーの動向を把握するために、Webサイト内でのユーザーの行動を記録したアクセスログというデータを見ます。

使い勝手がよく高機能なアクセスログのトラッキングツールとして代表的なものが「Google Analytics」です。高機能でありながら無料で利用できるため、世界中で多くの人たちに利用されています。

アクセスログの見方については、第4章で基本的なところを説明します。詳細については数多くの専門書籍がありますので、目を通してみるとよいでしょう。

前項で説明したWebサイトの確認は、いわば店舗や商品の確認であるのに対して、アクセスログの確認はユーザー行動の確認です。両方を確認して初めて、Webサイトが現在どうなっており、どのように利用されているかわかります。

ニュースやお知らせを掲載する

毎日のようにニュースやお知らせを掲載（更新）しているWebサイトがある一方、月に1本程度しか更新しないWebサイトもあります。

ユーザーから見て、あまりにも長い間更新されていないWebサイトのイメージはよいものではありません。Webサイトのトップページでニュースやお知らせを紹介しているWebサイトはよくありますが、そこに表示されている情報の掲載日が半年前や1年前では、「このWebサイトは生きているのだろうか？」という疑念を持つユーザーもいるでしょう。とくに、年の表示が与える印象は大きいものです。年が変わって数ヶ月たっても、直近のニュースやお知らせが前年の日付では、よくない印象を持たれてもしかたありません。

事業活動をしていれば、月に1つや2つ、ニュースやお知らせとして伝えたいことがあるはずです。できるだけ頻度の高い更新をしていけるようにしましょう。

新着情報を追加する

新しいページを追加していくこと、つまり、Webサイトを成長させていくことは、Web担当者の大切な仕事です。

「管理」という言葉は何か保守的な印象があり、「問題が起きないようにしておくこと」のようにも感じます。しかし、Webサイトの管理というのは、もっと前向きな仕事です。なぜなら、第1章で説明したとおり、Webサイトはそれぞれ何らかの目的のために存在しているからです。Webサイトの管理とは「保守」のことではなく、目的に一歩ずつ近づけていくための「運用」のことであることをしっかり認識しましょう。

そのように考えると、新着情報を追加することも目的ではなく、Webサイトの目的を達成するための手段です。情報の追加によって、その情報を必要としている人たちの期待に応えること、それこそが新着情報を追加していく意味です。常に新しい情報が追加されていく、活気のある鮮度の高いWebサイトにしましょう。

まとめ

- 毎日出社したらWebサイトを確認することを習慣にする
- アクセスログを確認し、訪問者の動向を知る
- ニュースやお知らせの掲載を高い頻度で行う
- 新着情報の追加でWebサイトを成長させていく

SECTION 02

問い合わせや注文に対応しよう

問い合わせや注文の対応ルールとしくみ作り

Web担当者の仕事には、顧客やユーザーからの問い合わせや注文への対応もあります。Webサイトがすばらしいものであっても、ここでの対応がよくなければ一瞬で信頼を失ってしまうことにもなりかねません。そこで、対応のルールとしくみを作っておくことが大切です。

とくに問い合わせについては、対応できる担当者が複数いる場合に誰が対応するのか決まっていないと「ほかの人がやってくれる」という思い込みから誰も対応しなかったり、対応が遅れてしまったりしがちです。「誰が優先的に対応するのか」ということも決めておきましょう。

また、担当者の急な休みや長時間の不在に備えて、対応メールを全担当者に同送するとともに、一定の時間がたっても対応されていない場合には次の担当者が対応するというルールも作っておきましょう。

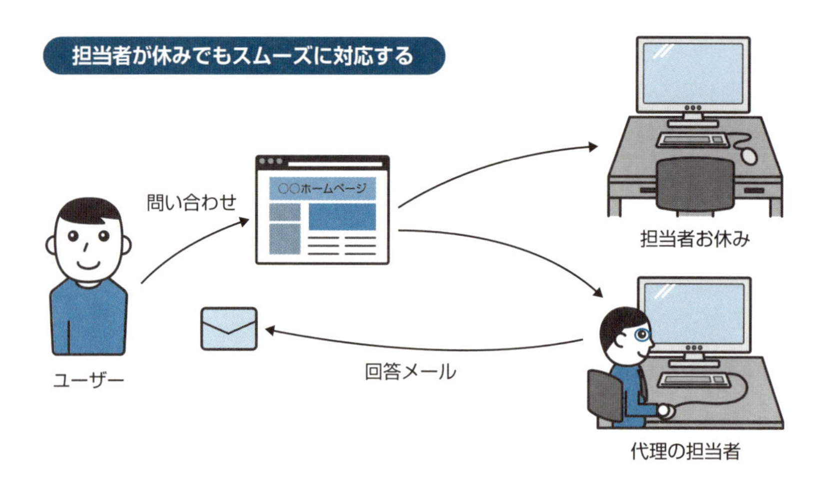

問い合わせ対応のタイミング

問い合わせには、できる限り早く回答しましょう。何もかもがスピードアップしている現代においては、問い合わせの翌日になっても反応がないと「遅い」という印象を持つ人も少なくありません。中には、「自分の問い合わせが届いていないのでは？」と考える人もいるでしょう。

しかし、問い合わせの内容によっては社内での検討を必要とするなど、すぐには回答できない場合もあります。そこで、ユーザーに「届いていないのでは？」という心配をさせないために、問い合わせに対する自動返信メールをシステム的に送るようにしておきます。自動返信メールには、問い合わせの内容とともに回答までの時間の目安も記載しておきます。そして、記載した回答期日に間に合わないような場合は、期日よりも前にその旨をメールで送るようにしましょう。

問い合わせに対する回答内容はもちろんですが、回答までの時間も評価されるということを覚えておきましょう。

回答までの時間も評価される

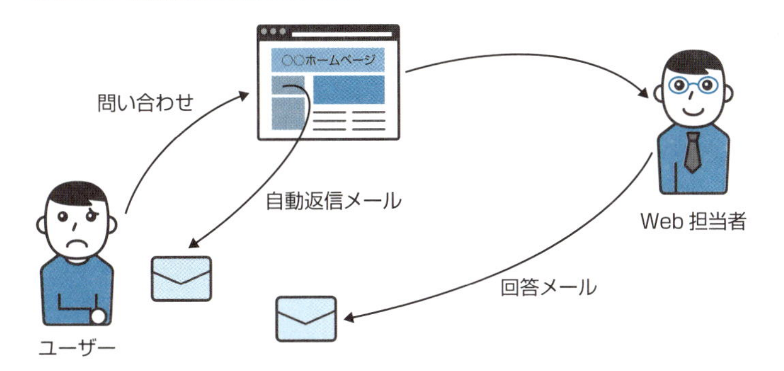

マニュアルの用意と共有

問い合わせに対して速やかに回答できるようにするために、マニュアルを用意しておきます。

問い合わせの内容は毎回まったく異なるわけではなく、ある程度は似た内容が多くなってくるものです。ある程度決まっている問い合わせに対しては、マニュアルを用意することで、担当者が異なる場合でも同じ内容で同じ品質の回答ができるようになります。また、対応をしていく中で、現状のマニュアルよりもさらによい回答方法などが見つかった場合には、マニュアルそのものを書き換えて、よりよい対応ができるマニュアルへと常にアップデートしていきましょう。

なお、同様の問い合わせが相次ぐ場合には、Webサイトの不案内がその原因であることも考えられます。想定される問い合わせに対する回答をあらかじめ掲載しておくとともに、ユーザーに問い合わせの手間をかけさせないように、すぐに見つけられる場所にわかりやすい説明を掲載するように改修していきましょう。

マニュアルを用意し、バージョンアップしていく

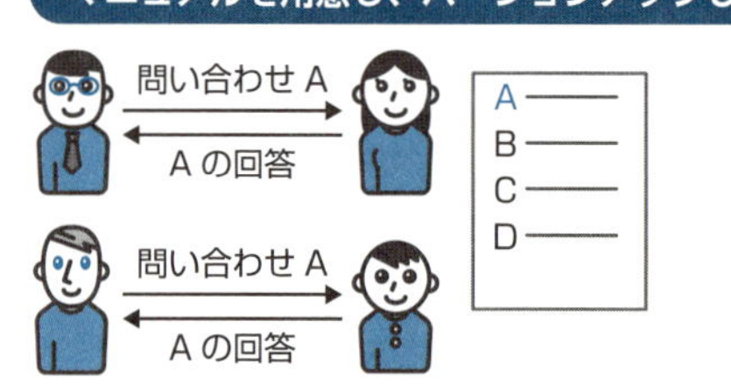

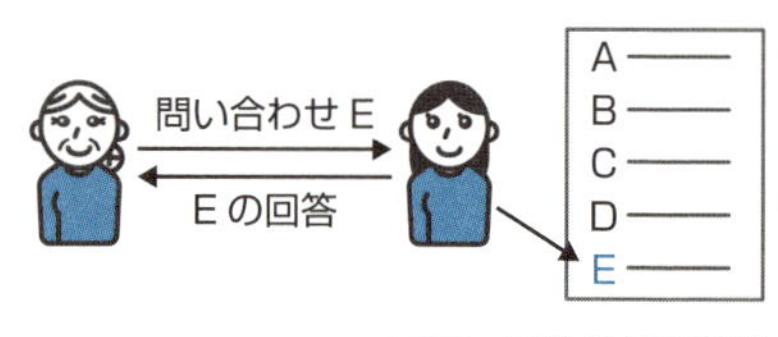

クレーム対応

Webサイトによっては、問い合わせに対応する手間を回避するために問い合わせの連絡先を一切表示していない場合もあります。そこまで極端ではないにせよ、問い合わせ先の電話番号やメールの表示、問い合わせフォームのありかがわかりにくいというケースもあります。

「クレームは宝の山」という言葉があるように、クレームはユーザーの不満という生の声を聞くチャンスです。クレームを訴えた顧客は、必ずしもその会社を見限るわけではありません。対応次第では、逆にファンになってくれることさえありますので、真摯に対応すべきです。

問い合わせへの対応で顧客の信頼を得る

- 問い合わせの対応ルールと対応者を決めておく
- できる限り早い対応を心がけ、間に合わない場合は連絡する
- マニュアルを用意し、一定品質の対応ができるようにする
- 真摯な問い合わせ対応が顧客の信頼につながる

SECTION 03

古い情報やリンク切れがないか確認しよう

古い情報やリンク切れは不信につながる

Webサイトには、実質的に掲載できるページ数の上限がありません。そのため、ページを無制限に追加してしまうことがあります。

こうしたWebサイトでは、古い情報をいつまでも掲載していたり、リンク切れが放置されていたりしがちですが、それらはWebサイトの品質を下げる大きな要因となります。リンク切れとは、リンク先がエラーになってしまう状態や、ページ内に表示するはずの画像のリンクが間違っているため表示されない状態のことです。

どんなにすばらしいデザインであっても、そのような状態に気が付いてしまうと興ざめです。反対に、多少デザインが拙く古い印象があったとしても、新しい情報をこまめに更新しており、リンク切れなどもない状態に管理されていれば、「丁寧に運営しているWebサイトだな」という信頼感を得られます。

古い情報のほったらかしが顧客の不信につながる

外部サイトへのリンク切れに注意

リンク切れが発生する理由は、大きく2つあります。1つはリンクの張り間違えです。リンクさせたいページへのアドレスが間違っているためにリンクがエラーになってしまうのですが、これはWebサイト制作時や更新時の作業ミスで発生することが多いです。作業完了後に、リンクの動作確認をすることで防げますので、必ず確認するようにしましょう。なお、CMSを使えばシステムが自動でリンクを張ってくれますので、そのようなヒューマンエラーを防ぐことができます。

もう1つは、リンク先のWebサイトやページ（被リンク）が存在しないというケースです。多くの場合、リンクを張った当初は存在していたものが、その後のページ削除や移動でそのアドレスに存在しなくなってしまったことで起きます。自社サイト内でのリンクであれば、その都度リンク元を修正することで防げますが、外部サイトへのリンクの場合はわからないことが多いでしょう。

リンク切れをチェックするツールを利用する方法もありますが、リンク切れは確認できても、リンク先の内容が当初のものからまったく変わってしまっているような場合はわかりません。外部にリンクを張る際は慎重に行いましょう。

Webサイト外へのリンクに注意する

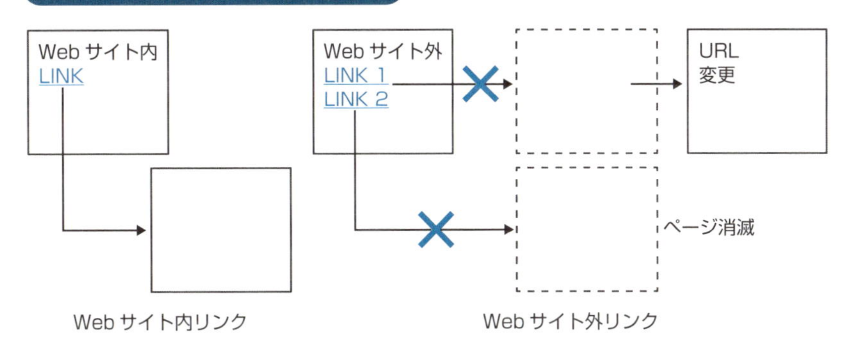

情報の更新削除を計画する

古い情報を残さないためには、更新や追加だけでなく、削除の計画も立てておくことです。新しく追加する情報は公開時期などをあらかじめ決めておくものですが、削除する時期は決めておらず、不定期に気付いたら消すといった運用をされていることも少なくありません。

たとえば、何かのイベントを告知して参加者を応募フォームから募るような場合、イベント終了後は申し込みフォームを消すのと同時にイベント告知ページも消す、あるいはイベント報告ページへと内容を差し替えなければなりません。

このようなケースでは、イベント告知ページの公開日はイベント当日の1ヶ月前などと決まっているものです。公開日を決めるそのタイミングで、イベント終了後のページ削除や差し替えをいつ行うかを決めておきましょう。

情報を公開するときには、その情報は期限を設けずに公開し続ける情報なのか、それとも公開期限のある情報なのかを考える必要があります。そして、期限が必要な情報であれば、その期限を定めてスケジュールに入れておきましょう。

公開期限を決めておく

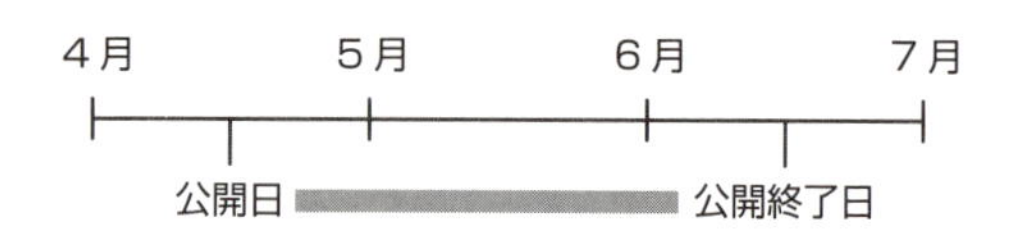

公開日と公開終了日を決め、スケジュールに入れておく

情報の残し方を考える

古い情報はすべて削除しなければならないというわけではありません。

確かに、ある時期を過ぎてしまうと意味をなさない、あるいは残っていることが問題になるような情報はあります。たとえば「◯月◯日、どこそこで展示会を行います」といったイベント告知の情報は、その日を過ぎてしまえば意味がありません。

ところが、このページを展示会終了後の報告ページとして書き換えれば、展示会の記録として有用なページになります。また、そのような方法でWebサイト内に残すページが増えていけば、サイトコンテンツが増えていくことでもあるので、検索されたときにそのページが表示されることがあるかもしれません。

もちろん不要な情報は削除しなければなりませんが、整理して残せば財産になる情報もあることを覚えておきましょう。

古い情報も残し方次第で有用なコンテンツになる

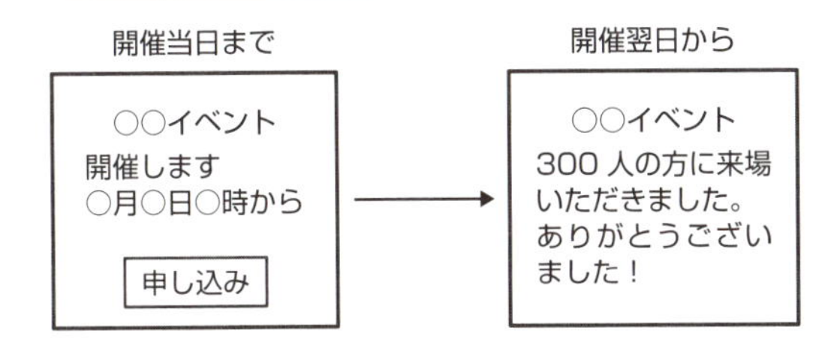

まとめ

- 古い情報やリンク切れを放置しない
- 外部サイトへのリンクはエラーになっても気付くのが難しい
- 情報を公開するときには、いつまで公開するのか期限を決めておく
- 古い情報でも残し方によっては有用なコンテンツになる

SECTION 04

Webサイトを更新しよう

何を更新していくのかを決める

Webサイトの何を更新していくのかは、目的と目標のために必要な更新情報は何かという観点で考えなければなりません。

商品やサービスの販売を行っているWebサイトであれば、当然、新しい商品やサービスの紹介は必要です。直接の販売につながらなくても、見込み顧客や既存顧客のメリットになり、自社とのよい関係を築いていくための情報を公開する必要もあるでしょう。また、計画的に行う更新ばかりではなく、突発的に発生する事案を必要に応じて速やかに公開しなければならないケースもあるでしょう。

いずれにしても、更新はあくまでもWebサイトの目的と目標を達成させるために行っているのだという意識を常に持つようにしましょう。

更新のスケジュールを決めておく

更新する内容と同様に、更新するタイミングについても、目的や目標を達成するためにはどのようなタイミングで更新をしていくのがよいかという観点で考えましょう。

新商品やサービスはリリースと同時に更新すべきですが、ティーザー広告のようにあらかじめ一部だけを紹介して期待を高めておく方法もあります。その場合、どのくらい前から紹介するのが効果的なのかも考えるべきです。

詳しくは後述しますが、お中元やお歳暮、母の日、父の日、ハロウィンにクリスマスなど、あらかじめ時期が決まっていてそれに合わせた更新が効果的なものもたくさんあります。一方、直接販売する商品ではなくても、想定される顧客層にメリットがある情報を定期的に公開していくことも大切です。

Webサイトの目的や目標を達成するためには、どのような内容をどのタイミングで更新していくのがよいか、向こう1年くらいのスケジュールを決めておきましょう。とくに、更新を自社ではなく制作会社に委託して行う場合では、先方の都合で公開時期が計画どおりにいかないケースもあります。先々までの計画を立てるとともに、余裕を持ったスケジュールにしておくことが大切です。

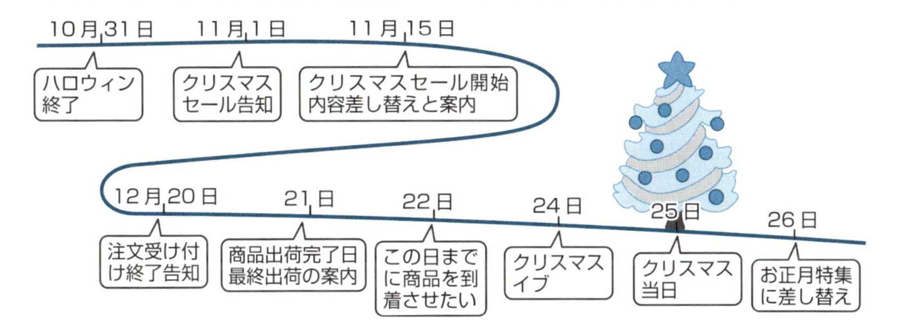

制作会社への委託による更新

Web サイトの更新は、CMS などを使って自社で行う場合と、制作会社に委託する場合とがあります。通常の更新は自社で行い、大きな更新作業についてはその都度、制作会社に依頼するというケースも多いです。

更新を一部でも制作会社に委託することがある場合に大切なのが、制作会社とのやりとりです。ここでコミュニケーションロスが発生してしまうと、更新作業の品質を落としたり、不具合を発生させてしまう要因にもなります。更新を委託する会社が Web サイトを制作した会社と異なる場合には、とくに注意が必要です。

更新を委託する場合には、次のような点を注意しましょう。まず、制作会社の担当者をしっかり決めておいてもらうことです。営業担当だけでなく、制作担当者とも面識があると安心です。サーバー情報、FTP 情報など、アップロードに必要な情報を共有しておくことも大切です。発生する費用の見積もり作業から承諾、作業依頼までの手順、それぞれの担当者も明確にしておきましょう。データの送り方や連絡手段などの統一と明確化も欠かせません。

これらをドキュメント化して、マニュアルとして使えるようにしておきましょう。

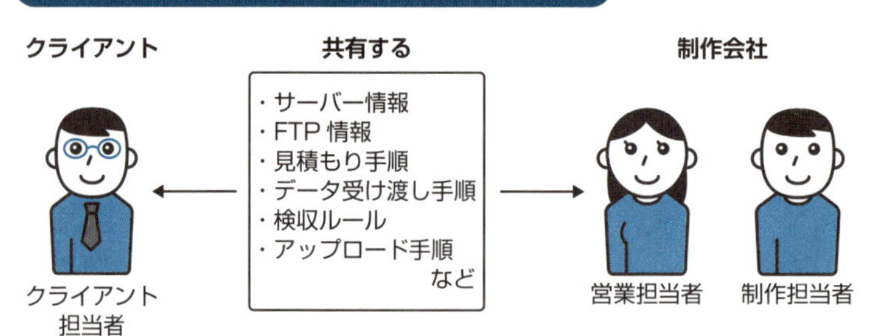

CMSでの更新

CMSを使って更新作業を自社で行う場合は、制作会社とのやりとりがない分、手間も時間もかからずに更新できます。CMSなら個々の担当者が直接ページを更新できますので、制作会社との窓口になる担当者が各部門からの更新依頼やコンテンツデータを取りまとめたり、制作会社に依頼したりする手間や、見積もり依頼と価格交渉、その費用への社内決裁、検収作業、請求作業など、たくさんの手間を省くことができます。

ただし、注意すべき点もいくつかあります。1つは、成果物のクオリティについては制作会社のほうが上であること、もう1つは制作後の確認をしっかりと行わなければならないことです。

CMSなら制作会社の都合を考えずに更新できる

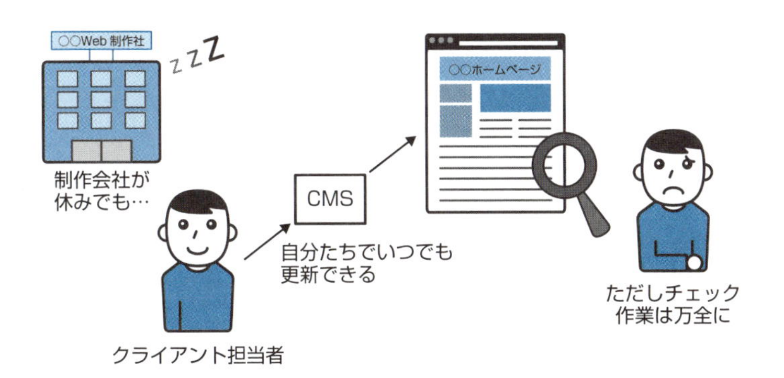

まとめ

- 何を更新していくのかを決めておく
- 更新のスケジュールを決めておく
- 制作会社へ委託する場合には、手順の共有と担当者の明確化が大切
- CMSを使用する場合には、公開前の確認は慎重に行う

Webサイトに掲載する情報を準備しよう

テキスト情報の準備

テキストの情報は写真などと違い、ひと目でよしあしのわかるものではありません。しかし、ある程度読み進めていくとダメな文章は、はっきりとわかるものです。たとえば、「主語が何なのかわからない」「何を伝えたいのか要点がわからない」「長文で読む気にならない」といった文章です。一方で、文章自体は悪くないものの、途中で誤字や脱字が散見されることもあります。

言葉や文章が伝える役割はとても重要ですので、テキストコンテンツの作成を担当する人は、わかりやすい文章を書けるように勉強しましょう。

また、Webサイトの文章は画面で読むため、紙に印刷されたものより読みづらいのも事実です。そのため、要点を短い文章にまとめる、結論を先に書いて次に理由を書く、内容によっては文章ではなく箇条書きにするなど、Webサイトに合った書き方をすることも大切です。

文章は簡潔にわかりやすくする

写真素材の準備

ひと目でよしあしがわかる写真は、Webサイトの印象を左右する大きな要素です。よい写真があるだけで、Webサイト全体の品質が高く感じられることもあります。それだけに、写真の品質にはこだわる価値があります。

写真の撮影も、昔のフィルムカメラに比べてデジタルカメラは失敗が少なく、よい写真が撮れるようになりました。撮影後のレタッチ（補正）もかんたんになりました。ただし、いくら補正できるといっても、当然、もとの撮影データのできに仕上がりの品質は左右されます。また補正もその技術によってでき栄えは違ってきます。

料理を紹介するWebサイトなのに、使われている写真がおいしそうに見えないというケースが少なくありません。それでは写真を載せることが逆効果になってしまいます。できれば撮影はプロに頼むのがよいと思いますが、自分たちで撮影をしていくのであれば、手間がかかっても本を買って勉強する、あるいは教室に通うなど、努力してみましょう。それだけの価値は十分にあるはずです。

写真次第でWebサイトの印象が大きく変わる

動画の準備

YouTubeが世の中に広く認知された頃から、ネット上に動画をアップするという行為が特別のことではなくなりました。インターネット黎明期には、少し大きめの写真をアップするだけでも躊躇したものです。それが、現在ではフルハイビジョンどころか4K動画まで、ネット上にアップできるようになっています。

写真に比べても、音声を含んだ動画はコンテンツとして魅力的です。何かを説明するのにも、写真と文章よりも動画で説明したほうが、よりわかりやすいものです。

動画のコンテンツがあるのなら、積極的に掲載していきましょう。ただし、注意すべき点もあります。それは、あたりまえですがデータサイズが大きいことです。いくらネットの通信環境がよくなったとはいえ、必要以上に解像度の高い動画を上げるメリットはありません。また、内容にもよりますが、何らかの説明ビデオであるなら、1つの動画の長さは数分程度までに抑えたほうがよいでしょう。

定期的に掲載が決まっている情報の準備

更新する情報には、不定期にその都度掲載するものもありますが、年末年始やお盆、ゴールデンウィークの長期休暇のお知らせなど、毎年決まった時期に掲載する情報もあります。

毎回、日時が変わるくらいのかんたんな掲載情報ですが、意外と見落とされがちです。直前に思い出してあわてて掲載することや、毎回アップするタイミングがまちまちになってしまうことも少なくありません。

しかし、ユーザーにとっては重要な情報です。休暇が始まる2週間前くらいまでには、掲載できるようにしましょう。

担当者が決まっていないと掲載し忘れの原因になりますので、「誰が」「いつ」アップして、また終了後に下ろすのかを明確にしておき、かつ年間のスケジュールに組み込むようにします。CMSを使って更新している場合は、あらかじめ公開日時を指定しておける機能が付いている場合もありますので、そのような機能を使うのもよいでしょう。

定期的に掲載が決まっている情報は速やかに上げ、速やかに下ろす

○○年○月○日 ～○月○日まで、夏季休暇をいただきます

○○年○月○日 ～○月○日まで、年末年始休暇をいただきます

まとめ

- テキストの重要さを知り、品質の高い文章を書けるようにする
- 写真はプロに任せるか、自分たちで撮影するのであれば勉強する
- 動画は有用なコンテンツではあるが、掲載のしかたには注意が必要
- 定期的な更新が決まっているものについても担当者を決め、スケジュールを組む

SECTION 06

外部に委託する作業を明確にしよう

外部に委託する業務

CMSなどを使って自社内で更新作業を行う場合でも、写真や動画の撮影、イラストや図の作成、インタビュー、ライティング、編集、翻訳、システム改修などについては、外部の専門家に委託するケースが多いでしょう。素人とプロではその差は歴然としていますので、いたしかたないのですが、外部に委託すると費用が発生してしまうのが難点です。

ただ、コンテンツによっては自分たちで作ったほうがよい結果をもたらすものもあります。何を外部に委託するのかということを、あらかじめ考えておくようにしましょう。

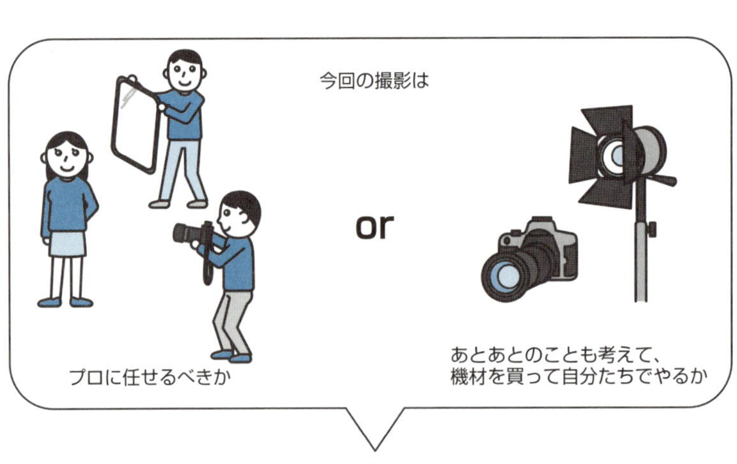

業務を委託する際の注意点

業務委託を行う際に注意する点として、まず、どんな会社に委託をするかの選定が大切です。委託業務の内容によっては、会社に限らず、フリーランスとして個人で受託しているケースも多いでしょう。選定の際に見るべきところは、やはり実績です。カメラマンやイラストレーターなどは、通常、ポートフォリオ（自身の作品集）を持っていますので、それを見せてもらいましょう。

また、それぞれの職種の専門家であっても、とくに強い分野があるものです。たとえば、カメラマンなら「人物」「風景」「商品」「建物」「食品」「スポーツ」「インタビュー」などのように、得意とする分野があります。やはり、依頼したい分野に強い専門家がよいでしょう。

最後に、業務委託をする際に必ずしておくべきことは、「Webサイトの目的が何か」そして「Webサイトを利用するのはどのような人たちなのか」ということをあらかじめ伝えて、共有してもらうことです。

ポートフォリオと得意分野の確認を

翻訳時の注意点

外国語への翻訳作業は、通常は専門業者に依頼することが多いでしょう。Webサイトの制作全般を制作会社に任せている場合でも、制作会社内に翻訳ができる人材まで揃えているところは多くありません。

翻訳を外注する際に気を付けることとして、まず、依頼する翻訳の分野によって得手不得手があるということです。たとえば、英語といってもイギリス英語とアメリカ英語では違いがあります。同じ言語だとしても、フランクな文体と格式張った文体では受ける印象がまったく変わります。また、製造業系と医療系の文章では表現やいい回しが異なることも多く、専門的な業界用語もあります。やはり、その分野に合った翻訳者に依頼することが大切です。

なお、個人ではなく法人の翻訳業者に依頼する場合は、複数の翻訳者で作業を分担する場合もあります。それぞれの翻訳者のクセが出たり、部署名や肩書の翻訳のしかたが微妙に違うなど、同じ原文の翻訳でも文章表現がちぐはぐになってしまうこともあるので注意が必要です。

同じ英語でも地域や分野によって異なる

イギリス英語

アメリカ英語

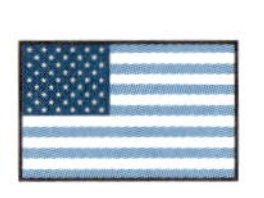

医療系で使う英語

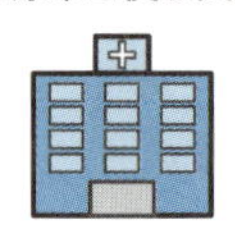

製造業系で使う英語

システム業務委託の注意点

Webサイトでできることが増えてきたのに伴い、Webサイトが高機能化し、それを支えるシステムの改修や追加が必要となるケースも増えてきました。この業務については、外部に委託することがほとんどです。

システム業務でも、ほかの業務委託と同様に得意分野を確認し、Web系の実績で見ていくのがもっともよい方法です。ただし、システムの構築については、そのシステムでどのようなことをしたいのかという要件定義や仕様決めをもれなく確実に行っておく必要があります。それができていないと、希望したものとは違うものができたり、追加費用が発生したりすることになりかねませんので注意しましょう。

仕様をしっかりと確認しておかないと、余分な手間と費用がかかる

- 外部に委託する業務と内製で対応する業務を決めておく
- 外部に業務委託をする場合は、実績と得意分野で選ぶ
- 翻訳はその業種・業界に精通したところに依頼する
- システム業務の委託では、要件定義や仕様決めを確実に行う

SECTION 07

上司や関連部署への説明と連携を行おう

公開スケジュールの共有

情報を公開するのに適した日というものがあります。新商品や新サービスの発表は、日を選びます。一方で、必ずしも公開しなければならない日が決まっていない情報であっても、いつ公開するのかを決めておいたほうがスムーズです。

公開するタイミングを決めたら、そこに遅れないように公開スケジュールを関係者全員が共有して厳守する必要があります。修正作業の発生や決裁者の承認を含んだ公開フローを織り込み、余裕のあるスケジュールにすることが大切です。

全員が同じスケジュールを共有すると便利

承認ルールを決める

会社などの組織でWebサイトを運営している場合は、上司や関連部門などの承認がなければ公開できないというケースも少なくありません。承認がスムーズにいかないと、計画した公開日時に間に合わない恐れがあります。とくに社長など組織の長は忙しいことが多いため、そこで承認待ちになってしまうことがあります。

スムーズな承認作業を行うためには、前項で説明した公開スケジュールを関係者が確実に共有することに加え、承認者には承認依頼の内容と可否判断の期限をしっかりと認識しておいてもらうことが大切です。また、一刻も早く発表したい緊急情報の公開においては、事後承認を可能とするような取り決めも必要です。

運用環境の注意点として、確認用のWebサイトを社内サーバーに置くと、社外など出先からのアクセスおよび確認がしにくくなります。承認者が社外にいても確認できるように、確認用サイトは外部のサーバーに置くようにしましょう。

公開の手順とルールを決めておく

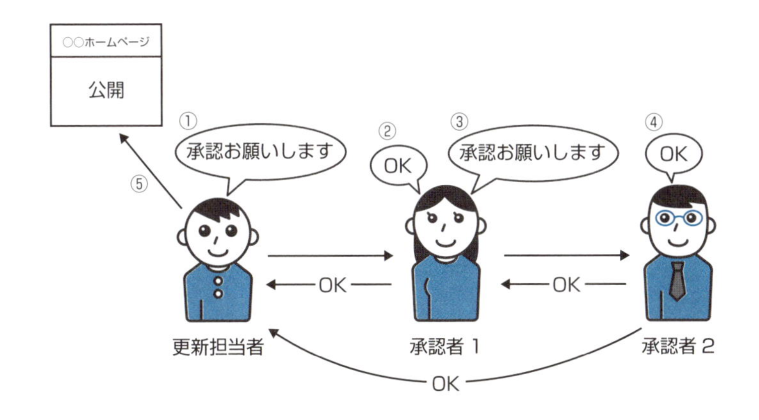

承認機能の活用

制作や更新作業にCMSを使っている場合には、承認機能が付いている場合がありますので、それを利用すると便利です。

CMS上でWebサイト内の各カテゴリーごとに、誰と誰の承認が必要なのかをあらかじめ設定しておきます。担当者がページを作成もしくは更新し、「承認依頼」ボタンをクリックすると、承認者にその旨のメールと確認用アドレスが届きます。承認者が確認してOKであれば、「承認」ボタンをクリックします。最終承認者が承認すると、承認した旨の連絡がメールで担当者に届き、同時に公開が可能な状態になります。担当者が公開作業を終えると、関係者に公開完了の連絡が送られます。

CMSの承認機能は、承認と公開のフローがシステム上で盛り込まれているため、漏れのない公開作業が可能となります。ただし、大切なのはどういう順番で誰の承認を必要とするのかを決め、設定することです。システムを上手に生かすことができるかどうかは、事前の準備と、設定・操作する人にかかっています。

承認機能があると便利

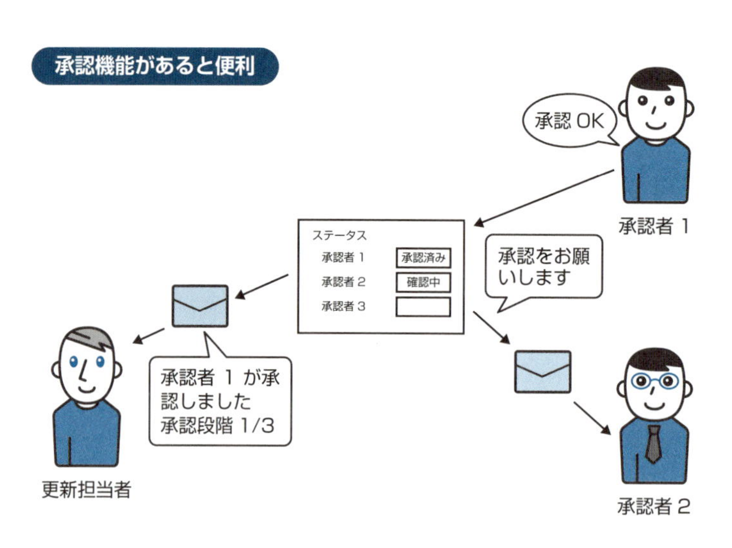

協力してもらいやすい関係を作る

プロジェクトチームなど、通常の社内組織をまたいでのコミュニケーションは、いつもと勝手が違うので、コミュニケーションに齟齬(そご)をきたしたりするケースもあります。

何よりも大切なのは、メンバーどうしで協力し合える関係を日頃から作っておくことです。そのためには、Webサイトの目的と目標を全員が認識し、同じ方向を向いて進んでいくことが不可欠です。

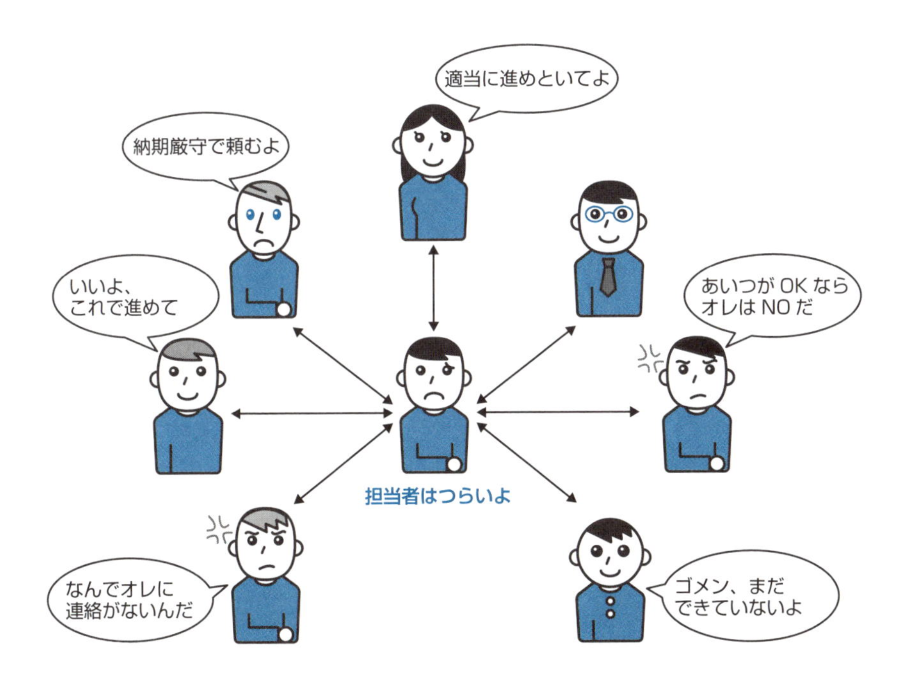

まとめ

- 公開のスケジュールには余裕を持たせ、関係者全員が共有する
- 承認ルールを定め、承認の期限も決めておく
- 承認機能を活用する
- プロジェクトメンバーで目的を共有し、協力し合える関係を作る

COLUMN

Webサイトと 整理整頓

Webサイトの管理や運営においても整理整頓は大切です。「整理整頓」とは、散らかって乱れた状態にあるものを整えて、秩序ある状態にすることをいいます。また、「整理」という言葉には、「不要なものを取り除く」という意味もあります。
管理しやすいWebサイトは秩序立って整えられており、どういう状態になっているのかが把握しやすくなっています。それは、ユーザーにとっても使いやすい状態になっていることを意味します。そのような状態を保つためには、必要な情報を掲載すべき場所に確実に掲載する一方、必要がなくなった情報を速やかに削除することが大切です。地道な作業ですが、「面倒だな」とあと回しにしてしまうと、のちのちもっと面倒なことになってしまいます。そうならないためにも、Webサイトそのものだけではなく、運営管理で必要なさまざまな業務の手順やスケジュールなどの計画、各種の帳票などの整理整頓も行っておきましょう。
整理整頓という言葉は、生真面目であまりおもしろくなさそうな印象がありますが、整理整頓ができている状態というのは気持ちのよいものです。常に心がけておきましょう。

第3章

Webサイトに集客しよう

Webサイトをターゲットとなる多くのユーザーに見てもらうには、それなりの対策が必要です。本章では、検索エンジンからの集客効果を上げるSEOや広告を中心に、さまざまな集客方法を見ていきます。

SECTION 01

目的に沿ってWebサイトに集客しよう

集客しなければ始まらない

リニューアルであればともかく、新しく作られたばかりのWebサイトは関係者以外の誰にもその存在を知られていません。

実在の店舗であれば、建築や改装の途中に通りかかる人が「何の店ができるのか楽しみだな」といった具合に認知とともに期待までしてくれるかもしれません。しかし、Webサイトはその所在地（URL）がわからなければ訪問できないどころか、存在自体を知りようもないのです。

まるで深い森の中にぽつんとあるお店のようなものでしょう。そこに通じる道はあるものの、関係者以外は誰も通ることのない道です。最初から人通りの多い道沿いに店を構えたければ、モールなどに出店するしかありません。森の中の店にきてもらうためには、まず、その道の奥に店があることを知ってもらう必要があります。この知ってもらうための取り組みこそが、すなわち集客の第一歩ということになります。

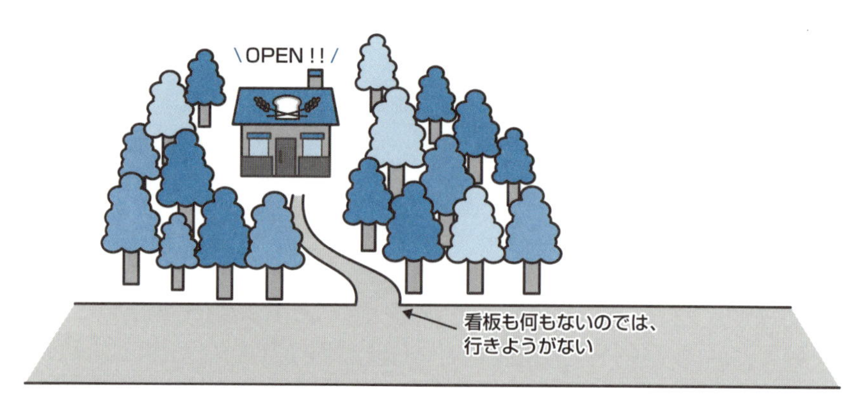

集客の方法を知る

Webサイトの集客方法で効果が大きいのは、検索エンジンの検索結果からの集客と、広告を使った集客です。

それ以外では、ブラウザのお気に入りに登録したリンクや、ほかのWebサイトの紹介リンク、受信したメールに記載されているリンク（URL）などからユーザーが訪れます。Webサイトの更新を伝えるRSSの配信からくることもあるでしょう。名刺などの紙媒体に印刷されたアドレスをブラウザに入力して訪問するユーザーもいます。

ほかにも、ユーザーがWebサイトを訪れるルートはいくつかありますが、やはり、もっとも望ましいのは、お気に入りに登録されてそこから訪問してもらうことでしょう。そのためには、Webサイトそのものに訪問したいと思える魅力を持たせることが王道です。

さまざまな集客手法がある

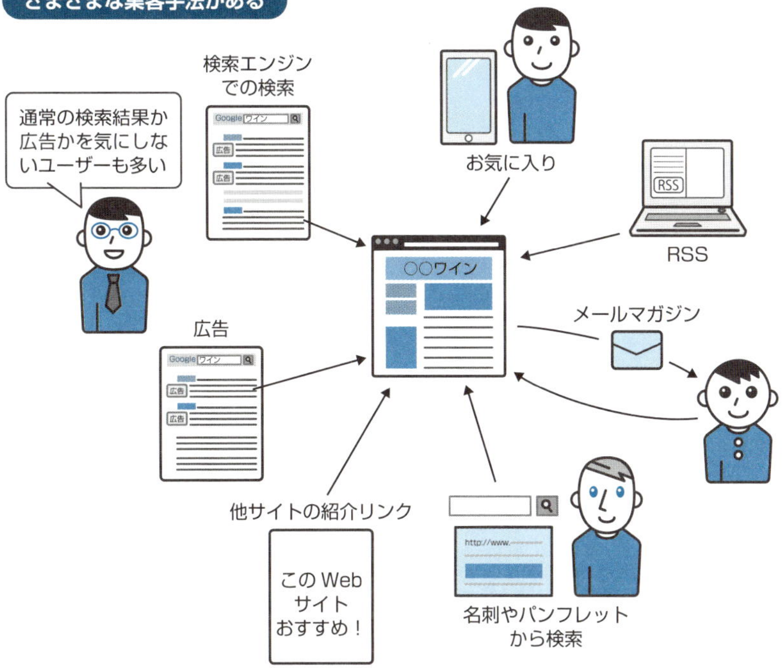

検索エンジンでの検索
通常の検索結果か広告かを気にしないユーザーも多い
お気に入り
RSS
○○ワイン
メールマガジン
広告
他サイトの紹介リンク
このWebサイトおすすめ！
名刺やパンフレットから検索

検索エンジンからの集客

ほとんどのユーザーにとって、何らかの情報やWebサイトを探す場合に、まず検索するというのはごく自然な行動となっています。このような通常の検索行動のことを、オーガニック検索（Organic Search）といいます。自分が求めるWebサイトを検索して、その検索結果から該当すると思われるWebサイトを順番に訪問するというのがスタンダードな手順です。広告を出さない状態では、ほとんどの訪問が検索エンジン経由になります。

そうなると必然的に、検索エンジンの検索対象にならなければ、人がほとんど訪れないWebサイトになってしまいます。また、検索対象として検索エンジンのデータベースに載っていたとしても、ユーザーの検索結果に自分のWebサイトがなかなか表示されない状態では、あまり意味がありません。

そこで、検索エンジンで上位に表示されるようにしていく対策として、SEOがあります。SEOを上手に行うことで、訪問者の増大につながります。

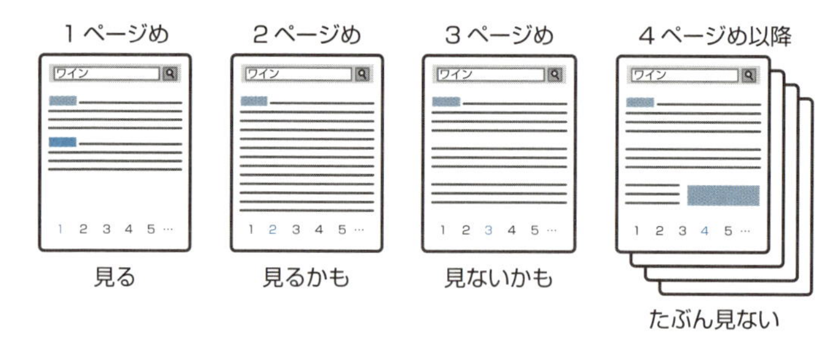

広告を使った集客

検索結果の表示のしかたや順番は、検索エンジン側の判断によります。そのため、SEOを行っても必ずしもうまくいくとは限りません。それに対して、自分たちの希望どおりに指定できて早期に効果を出せるのが、広告の出稿です。

ただし、SEOには無料で実施できる対策もあるのに対して、広告は費用がかかります。費用対効果を最大にするためには、広告の出し方を綿密に計画するとともに結果に応じた調整をするなど、SEOとの上手な組み合わせが必要です。

SEOも広告の出稿も、通常は検索エンジンに対して行います。これらのSEOや広告を含む検索エンジンを利用したマーケティング手法を、SEM（Search Engine Marketing）といいます。

まとめ

- 集客こそが目的と目標達成の第一歩である
- さまざまな集客手法を知っておく
- 検索エンジンからの集客の重要さを知る
- 広告を使った集客を考える

SECTION 02

集客のポイントを知ろう

誰にきてもらいたいのかが重要

Webサイトの集客を考える際には、自社の顧客になり得るのはどんな人で、どんなことを求めているのかを想像しなければなりません。

お酒の販売サイトに未成年のユーザーをたくさん集めても、Webサイトの目的である「お酒を購入してもらうこと」は達成できません。必要なことは、「お酒を飲むことが好きな人」にきてもらうことです。

さらに、「お酒を飲むことが好きな人」といっても、人によって好きなお酒の種類は異なります。ワインの専門店が「お酒を飲むことが好きな人」という切り口で集客しても、そこには「焼酎しか興味がない人」も多く含まれてしまいます。大切なのは、自社の顧客になり得る層をしっかりと見極めることです。

顧客を想定する

Webサイトでは顧客の人数が相当多くなるため、顧客の一人一人がどんな人なのかを明確に把握するのは困難です。そこで、個人ではなく、一定の共通する属性を持ったグループ（セグメント）を「顧客層」として想定します。

具体的には「男性・女性」「年齢・年代」「職種」「年収」「居住地域」「趣味・志向」「好きな食べもの」など、自社の顧客として当てはまる属性を見つけ、グループ化していきます。前項のワイン専門店なら、「ワインが好き」という嗜好を持つグループが顧客層になります。

一方で、個人としての「自社の顧客になり得る人」を特定するのは難しいものの、それに近づける方法としてペルソナ（Persona）の設定という方法があります。ペルソナとは、仮面や人格を意味する言葉です。自社のWebサイトを利用する顧客とはこんな人であろうという架空の人物をあえて設定し、顧客を具体的にイメージしやすくします。

架空の人物には、「氏名」「性別」「年齢」「職業」「勤務先」「年収」「家族構成」などの基本情報はもちろん、「生い立ち」「学歴」「お金の使い方」「好きな食べ物」「好きなブランド」「休日の過ごし方」といった個人的な背景やライフスタイルまで、詳細かつリアルに設定します。そうすることで、顧客がどのようにWebサイトを利用するのかを、より具体的に考えられるようになります。

ペルソナ設定シート

山下 由美　ヤマシタ ユミ
1984年5月12日生まれ
33歳　女性

・出身地：　愛知県 名古屋市
・現住所：　東京都 世田谷区…
・職業：　IT企業 営業職
・年収：　420万円
・学歴：　○○○大学○○学部卒
・家族構成：1人暮らし

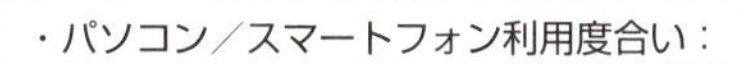

・パソコン／スマートフォン利用度合い：
1日　5時間／3時間
・趣味：　旅行、温泉めぐり
・好きなブランド：ルイ・ヴィトン、ロレックス
・好きな食べ物：　鍋、焼き鳥
・エピソード：
名古屋市生まれ。大学進学と同時に上京……………………………………

既存顧客の再訪を促す

Webサイトの集客は、新規ユーザーだけを対象としているわけではありません。集客の対象となるユーザーは、次の3パターンです。

① Webサイトに訪れたことのない、まったくの新規ユーザー
② Webサイトに訪れて購入（コンバージョン）してくれた既存顧客
③ Webサイトに訪れたことはあるが、購入していないユーザー

この中でもっともコンバージョンの可能性が高いのが、②の既存顧客です。一度、購入をして、その商品やWebサイトの対応に満足できたのであれば、次に何かを買おうと考えたときも同じWebサイトを使うほうが、まったく新しいWebサイトで買うよりも安心できるものです。

そこで、購入後もくり返し訪問してもらえるしくみを作っておく必要があります。たとえば、メールマガジンやSNSなどを通して魅力のある特典情報を伝えるのも有効ですが、既存顧客が興味を持ちそうな商品や情報をWebサイトに数多くアップすることのほうが大切です。

3パターンのユーザー

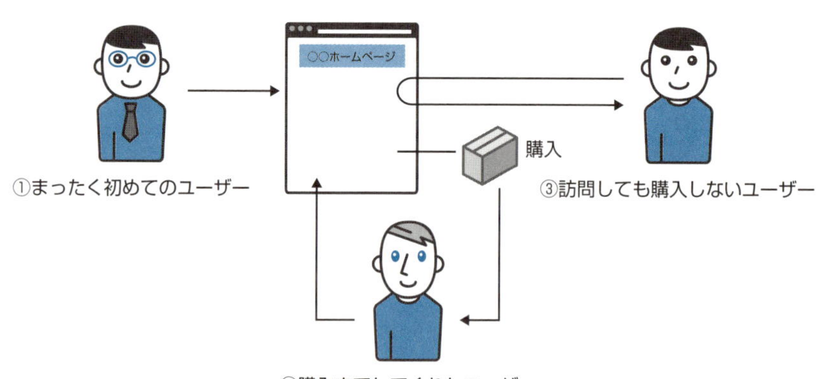

何度も訪問してくれる見込み客を大切にする

必ずしも初回の訪問でコンバージョンに至らなくても、それをきっかけに何度も訪問してくれるユーザーを作ることも大切です。何度も訪問してくれるのに、コンバージョンに至らないユーザーは、どのような状態にあるのか考えてみましょう。

買いたいと思える商品が出てくるのを期待して待っているのかもしれません。購入候補の商品がいくつかあり、迷っているケースもあるでしょう。

いずれにしても、きっかけがあれば、いつか買ってくれる可能性が高いユーザーです。こうした見込み客を大切にしましょう。

見込み客のニーズを考える

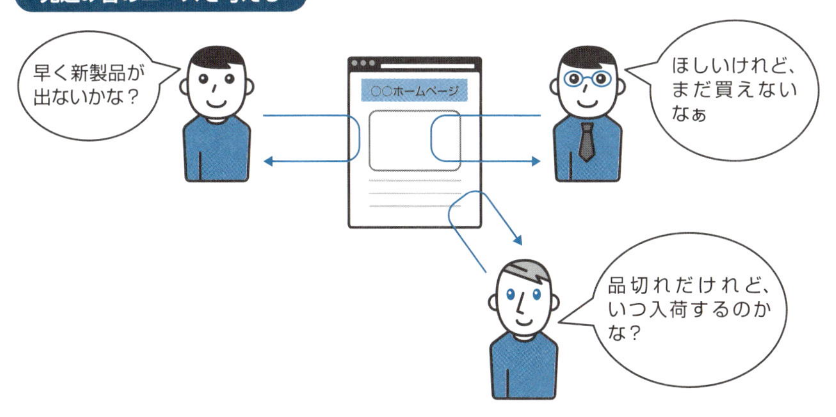

まとめ

- 誰を集客するべきなのかを見極めることが大切
- 顧客層とペルソナの設定で顧客を具体的にイメージする
- 既存顧客を大切にする
- 見込み客を大切にする

SECTION 03

SEOのことを知ろう

SEOとは

ここまで何度か登場している用語ですが、SEOとは、かんたんにいえば自分のWebサイトを検索結果の上位に表示させるための対策です。オーガニック検索での訪問が圧倒的に多い現状では、Webサイトへの集客は検索結果の順位に大きく左右されます。誰もが上位表示を狙ってさまざまな工夫や努力をしており、熾烈な競争が繰り広げられています。表示順位を上げていくために有効とされる方法はありますので、できることをしっかりやっていきましょう。

国内で多くのユーザーに利用されている検索エンジンは、GoogleとYahoo! JAPANです。この2つの検索エンジンは、ほぼ同じ結果を表示します。以前はそれぞれ独自の検索のしくみを使っていたのですが、現在はYahoo! JAPANがGoogleの検索システムを採用しているためです。

上位表示争いは熾烈

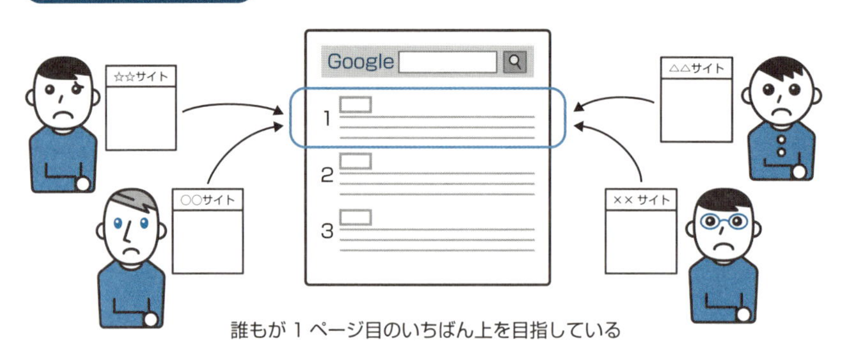

誰もが1ページ目のいちばん上を目指している

紙面版

電脳会議 DENNOUKAIGI

一切無料

今が旬の情報を満載してお送りします！

『電脳会議』は、年6回の不定期刊行情報誌です。A4判・16頁オールカラーで、弊社発行の新刊・近刊書籍・雑誌を紹介しています。この『電脳会議』の特徴は、単なる本の紹介だけでなく、著者と編集者が協力し、その本の重点や狙いをわかりやすく説明していることです。現在200号に迫っている、出版界で評判の情報誌です。

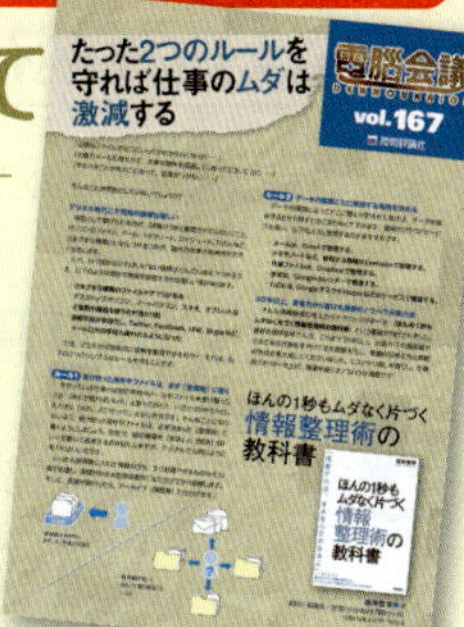

毎号、厳選ブックガイドもついてくる!!

『電脳会議』とは別に、1テーマごとにセレクトした優良図書を紹介するブックカタログ（A4判・4頁オールカラー）が2点同封されます。

Fortran
ハンドブック
田口俊弘

Software Design WEB+DB PRESS も電子版で読める

電子版定期購読が便利！

くわしくは、
「Gihyo Digital Publishing」
のトップページをご覧ください。

電子書籍をプレゼントしよう！

Gihyo Digital Publishing でお買い求めいただける特定の商品と引き替えが可能な、ギフトコードをご購入いただけるようになりました。おすすめの電子書籍や電子雑誌を贈ってみませんか？

こんなシーンで…　●ご入学のお祝いに　●新社会人への贈り物に　……

●ギフトコードとは？　Gihyo Digital Publishing で販売している商品と引き替えできるクーポンコードです。コードと商品は一対一で結びつけられています。

くわしい**ご利用方法**は、「**Gihyo Digital Publishing**」をご覧ください。

。

-ソフトのインストールが必要となります。

印刷を行うことができます。法人・学校での一括購入においても、利用者1人につき1アカウントが必要となり、

他人への譲渡、共有はすべて著作権法および規約違反です。

電脳会議
紙面版
新規送付のお申し込みは…

ウェブ検索またはブラウザへのアドレス入力の
どちらかをご利用ください。
Google や Yahoo! のウェブサイトにある検索ボックスで、

電脳会議事務局　検索

と検索してください。
または、Internet Explorer などのブラウザで、

https://gihyo.jp/site/inquiry/dennou

と入力してください。

「電脳会議」紙面版の送付は送料含め費用は一切無料です。
そのため、購読者と電脳会議事務局との間には、権利&義務関係は一切生じませんので、予めご了承ください。

技術評論社　電脳会議事務局
〒162-0846　東京都新宿区市谷左内町21-13

検索エンジンのしくみ

検索エンジンは、クローラーと呼ばれるしくみを通して常に世界中のWebサイトの情報を収集し、自分たちのデータベースに格納しています。一方で、世界中のユーザーが検索しているキーワードとその行動もデータベースに格納します。そして、まさにビッグデータと呼ばれるにふさわしい膨大なデータをもとにして、「どのキーワードに対して」「どのWebサイトを」「どの順番で」表示させるのかを決めています。

それぞれのWebサイトの掲載順位を決めるのは、検索エンジンのアルゴリズムと呼ばれるものです。アルゴリズムとは、かんたんにいえばコンピューターが計算を行うときの計算方法のことです。このアルゴリズムの内容は非公開ですが、人工知能であるAI(Artificial Intelligence)も含め、たいへん高度な技術が使われています。

また、パンダアップデートやペンギンアップデートなどと名付けられたアップデートをくり返して、より精度の高い検索結果を出せるように進化しています。

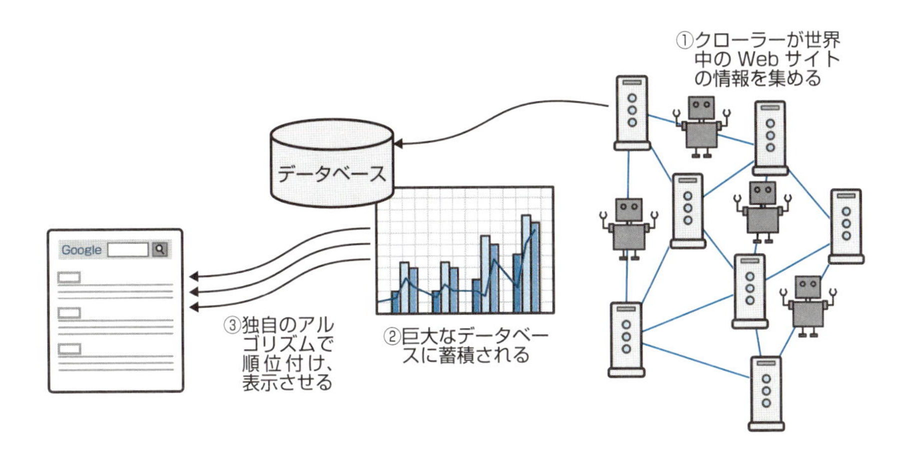

内部要因とは

検索エンジンによるWebサイトの評価は、内部要因と外部要因という2つの視点から評価されます。

内部要因とは、Webサイトそのものに対する評価の要因です。どこをどのように評価しているかは公表されていません。しかし、検索されるキーワードに対して、Webサイト内に同じワードやそこから類推される関連ワードが、「どのくらいの量と割合で含まれているか」「どのような使われ方をしているか」などから、どの程度合致しているWebサイトなのかを判断しているようです。

検索されるキーワードや関連ワードがWebサイト内にたくさんあればよいわけではなく、見出しや文章の中でどのように使われているかが大切です。反対に、あまりにも不自然に特定のワードが詰め込まれているとスパムと認識され、検索結果の表示から外されることさえあります。

そのほかにも、そのWebサイトがどれくらい古くから運用されているのか、どれくらいの頻度で更新されているのか、Webサイトの規模（ページ数）はどうかなど、さまざまな要因が評価されています。

内部要因の評価

・どんなキーワードがあるか
・キーワードの含有率
・キーワードの使われ方
・リンクの張り方
・タイトルや見出しの付け方
・Webサイトの経歴
・更新の頻度
・コンテンツの有用性
・Webサイトの構造
・表示速度
・ユーザビリティ
などを評価していると思われる

外部要因とは

外部要因とは、Webサイトが外からどう評価されているのかを見ることです。

外部要因の評価は、「たくさんの人から好意的に紹介される人は、よい人」といったような考え方に基づいています。同様に、権威ある人が「この人は立派だよ」と紹介する人なら、立派な人だという考え方もあります。Webサイトも、検索エンジンからの評価の高いWebサイトから好意的な紹介でリンクを張られていれば、高い評価をすべきWebサイトであると判断されるのです。

外部要因の評価

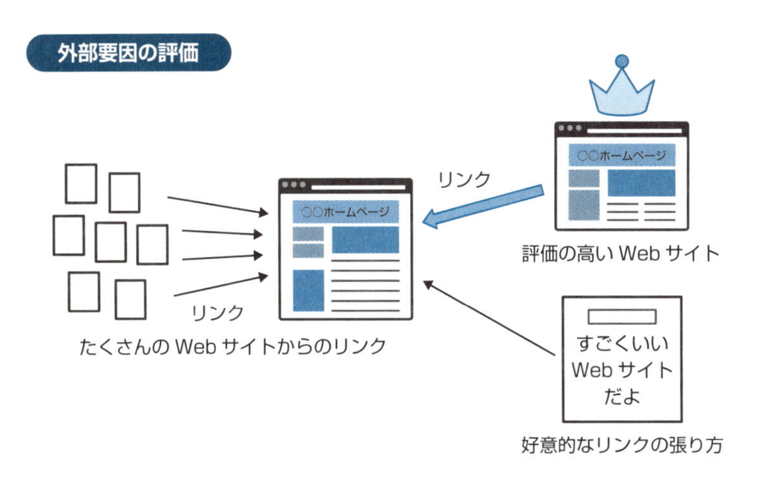

まとめ

- SEOの大切さを知り対策を行う
- 検索エンジンのしくみを知る
- 内部要因の評価のしくみについて知っておく
- 外部要因の評価のしくみについて知っておく

SEOを意識して運営しよう

検索ワードを考えるための視点

どんな検索ワードで集客するのかは、SEOのもっとも基本的な課題であり、成否を分けるポイントでもあります。キーワード選びは、次の2つの視点で考える必要があります。

① 訪問するユーザーが検索すると考えられるキーワードであること
② 実際に検索されることが多いキーワードであること

①については、自分たちが扱う商品やサービスの名称、業界、ジャンル、特徴などから候補を挙げ、リストにします。その際、1つの商品やサービスでも複数の呼び方があるものを見落とさないように注意します。

②については、「Google AdWordsキーワードプランナー」など、キーワードごとに、月間で何回検索されているか（検索ボリューム）を調べられるサービスがあるので、利用しましょう。

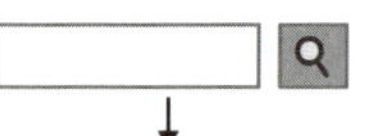

どんなキーワードで検索するだろうか？

①リストにする

ジャンル	ブランド　バッグ　……
ブランド名	エルメス　ルイ・ヴィトン　グッチ　フェンディ　……
外国語表記	HERMES　LOUIS VUITTON　GUCCI　FENDI　……
商品名	ケリー　バーキン　キーポル　スピーディ　……
サービス	通販　即日発送　ギフト　正規代理店　……

②それぞれのキーワードと組み合わせの検索ボリュームを見る

ビッグキーワードとスモールキーワード

検索ボリュームの大きいキーワードを「ビッグキーワード」、小さいキーワードを「スモールキーワード」といいます。

ビッグキーワードは検索されることが多いので、上位に表示されれば大量のアクセスを呼びこむことが期待できます。たとえば、Web制作会社がクライアント候補の会社からの問い合わせを目的とする場合には、「ホームページ」というビッグキーワードが考えられます。

しかし、上位表示を狙っている競合は全国に多数存在します。そこで、2つ以上の単語を組み合わせて「ホームページ　作成」「ホームページ制作　港区」「ホームページ　無料」といったキーワードを設定します。複数のキーワードの組み合わせにすることで検索される回数は少なくなりますが、同時に競争相手も減り、上位表示される可能性が高くなります。これらのワードのことを、スモールキーワードといいます。

ビッグキーワード	スモールキーワード
検索ボリュームが大きい	検索ボリュームが小さい
有名な単語	ニッチな単語
基本は単語１つ	複数の単語の組み合わせ （ニッチな単語は１つの場合もある）
上位表示しにくい	上位表示しやすい
上位表示なら効果は絶大	上位表示でも効果は限定的

20:80の法則で考える

20：80の法則とは、イタリアの経済学者パレートによる「国の富の8割は2割の富裕層のもとに集まる」という法則の発見に由来します。「ニッパチの原理」や「パレートの法則」とも呼ばれています。

この法則は、たとえば「扱う全商品のうち2割の売れ筋商品で、全体の8割を売り上げる」「2割の顧客からのクレームに、全体の対応時間の8割を費やす」といったように、さまざまな事象に当てはめられます。

検索ワードについても、考え得る膨大な検索ワードのうち、コンバージョンに結び付く少数精鋭の検索ワードを探すことが大切です。それは、必ずしもビッグキーワードであるとは限りません。検索ボリュームの大きいワードは必然的にWebサイトへの流入も多くなりますが、その検索ワードで訪問したユーザーのコンバージョン率が低い場合もあるからです。

20%の人が80%の富を保有している

ロングテールで考える

ロングテールという言葉をご存知でしょうか。英語では「The Long Tail」つまり、長い尻尾という意味です。この尻尾は、ティラノサウルスのような恐竜の尻尾をイメージしています。恐竜は頭がいちばん高いところにあり、大きな胴体があって、長い尻尾があります。

20：80の法則にのっとれば、8割は頭から胴体までが占めます。つまり、多くの結果につながる検索ワードは、Webサイトに流入する全ワードのうちの2割のワードかもしれません。しかし、残りのたくさんのワードの中にも、件数は少なくてもたまに結果につながるワードもあるわけです。

ひとつひとつのワードが結果につながる可能性は低かったしても、そのようなワードがたくさんあれば、トータルでは大きな数字になります。「ちりも積もれば山となる」という考え方です。

胴体の部分は魅力的だが、尻尾にも目を向ける

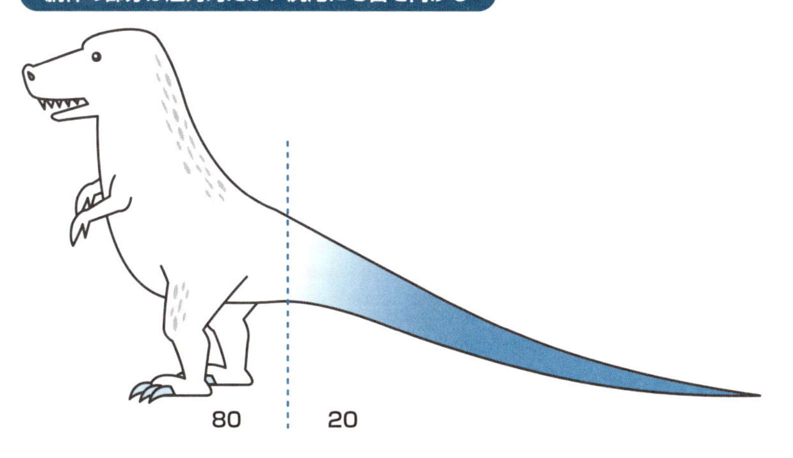

全キーワードのうち2割のキーワードが8割の訪問につながっている
としても、残り8割のキーワードがなければ2割の訪問を失う

SEO業者への委託

SEOがWebサイト運営の成否に大きく影響することから、SEOの専門家としてWebサイトの上位表示を請け負う業者もあります。費用はかかりますが、専門知識とスキルを持った業者に任せることによって、短期間での上位表示が期待できます。

SEO業者は、内部要因の対策として検索エンジンに好まれる状態にWebサイトを改修します。また、外部要因の対策として権威のあるWebサイトからリンクを張られるようにします。外部要因の対策で気をつけなければならないのは、有料で被リンクを買うような行為を検索エンジンが嫌っているということです。Googleがその方針を発表して実施した際に、それまで上位に表示されていたWebサイトが一気に順位を落とし、中にはスパムとみなされたところもありました。

SEO業者への委託は、長期間の付き合いになることが多く、相応の費用もかかります。検索エンジンの動向の変化を察知して速やかに対応できる力を持った業者を慎重に選ぶ必要があります。

また、後述する検索連動型広告（リスティング広告）を利用すれば、オーガニック検索の1番目よりも上に表示させることが可能です。SEOと広告をどのように使い分けていくのかも検討したほうがよいでしょう。

注意点
・通常、長い期間の契約になる
・契約を解消すると効果がなくなることもある
・SEO業者の施策を検索エンジンが嫌うこともある

検索エンジンの立場で考えること

検索エンジンの使命は、ユーザーが入力したキーワードに対して、ユーザーの期待に沿ったWebサイトを、期待に合致している順番で表示させることです。表示されたWebサイトがユーザーの期待に沿ったものでなければ、その検索エンジンは信頼を失ってしまいます。

この点を考慮すれば、検索エンジンが上位に表示させたいWebサイトがどのようなものかわかってきます。つまり、検索エンジンだけを見るのではなく、その先にいるユーザーを見なければいけません。自分のWebサイトがいかに検索エンジンに高く評価されるかではなく、そのキーワードで検索したユーザーにとって有益で評価に値するWebサイトであるかということを考えるべきなのです。

検索ユーザーの期待に応えられる有益なWebサイトを
表示するのが、検索エンジンの使命

まとめ

- 検索ワードを考える
- ビッグキーワードとスモールキーワードを知る
- 20:80の法則を踏まえて考える
- ロングテールを踏まえて考える
- SEO業者への委託は慎重に行う
- 検索エンジンの立場で考える

SECTION 05

さまざまな広告の種類を知ろう

広告の種類

私たちの購買活動に大きな影響を与えている広告には、さまざまな種類があります。昔からよく利用されてきたのが「4マス」と呼ばれるマスコミ4媒体、テレビ、新聞、雑誌、ラジオの広告です。ほかにも、看板やポスター、電車やバスの中吊り広告、折込チラシ、DMなどがあります。インターネット広告は最後発ですが、インターネットの普及とともに成長し、広告費を伸ばしてきました。いまやインターネットはテレビに次ぐ第2の広告媒体となっています。

インターネット広告が増えた理由としては、費用対効果がわかりやすいこと、極めて少額の予算で始められること、出稿作業も自分でかんたんにできることなどが挙げられます。

インターネット広告はテレビ広告に次ぐ第2の存在になった

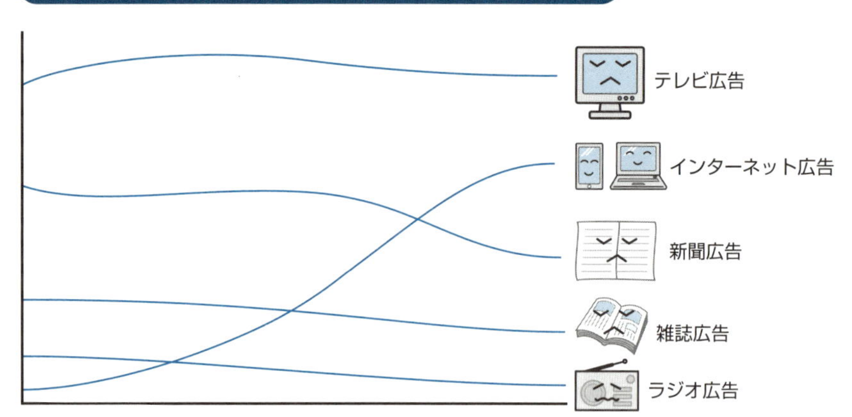

インターネット広告のメリット

ほかの多くの広告とは異なるインターネット広告のメリットは、効果がわかりやすいことです。

たとえばテレビ広告では、CMを流した際にどれくらいの視聴率があったのか把握できます。新聞広告や雑誌広告では、掲載した新聞の発行部数や雑誌の販売部数を把握できます。しかし、そのCMを見たい人が実際はどれだけいたのか、新聞や雑誌を読んだ人のうち何人がその広告に目を止めたのかはわかりません。そして、それらの広告から最終的に購入や来店といった行動に至った人数を把握するのは困難です。

インターネット広告の場合、興味を持ったユーザーはクリックしてWebサイトに訪れるという明確な行動をとるために、その広告が何回表示され、どれだけクリックされたのかなどがわかります。さらには、Webサイトにきたユーザーのうち実際にコンバージョンに至った数までの効果測定を極めて正確に行うことができます。

テレビCMは、実際にどれくらいの人が見てくれたのか、どれくらい効果があったのかがわかりにくい

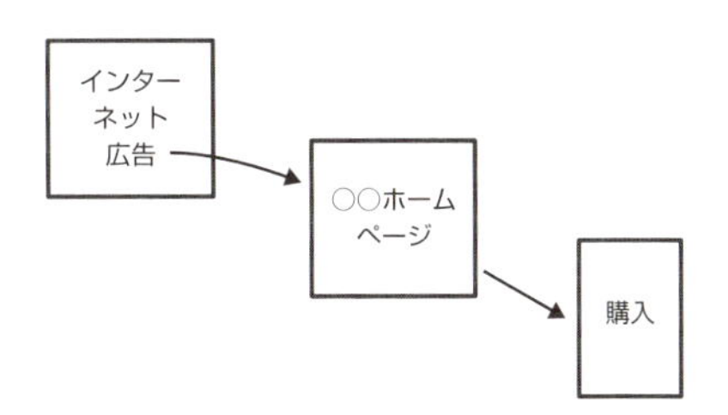

インターネット広告は、実際の購入に結び付いた数など、効果がしっかりわかる

インターネット広告の種類としくみ

インターネット広告の代表的な種類としては、「ディスプレイ広告」「検索連動型広告」「興味関心連動型広告」が挙げられます。

「ディスプレイ広告」はバナー広告ともいい、Webサイトのページの一部に、大きな画像の広告を表示します。強い訴求力がありますが、料金は比較的高めです。

「検索連動型広告」はリスティング広告（以降、「リスティング広告」と表記）ともいいます。その名のとおり、検索エンジンでキーワードを検索したときに、検索結果とともにそのキーワードに関連した広告を表示させます。通常の検索結果と同様の形で上位に表示されるため、効果の高い広告です。

「興味関心連動型広告」は、ページにアクセスしたユーザーの過去の閲覧行動を記録しておき、その行動の特徴から、そのユーザーが興味を持っていると推察できる広告を表示させるものです。過去に何かの広告をクリックしたり、検索をしたら、そのあとで同じジャンルの広告が表示されるようになったという経験があれば、それはまさにそのしくみを利用した広告です。

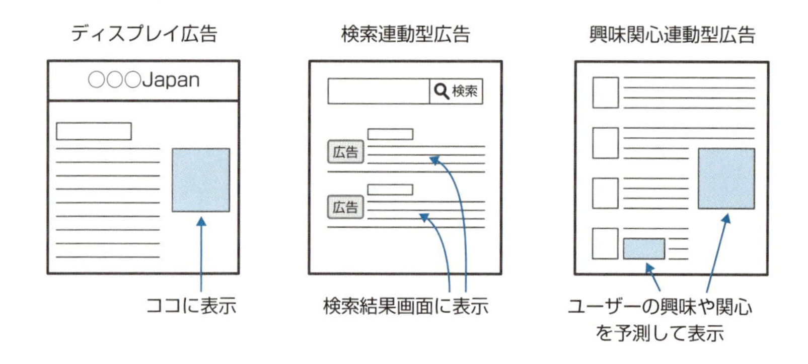

インターネット広告にかかる費用

インターネット広告には、大きく3つの課金方式があります。

1つ目は「枠掲載型」です。ページ内の広告スペースの枠を買い、期間を定めて広告を掲載します。掲載するWebサイト、枠の大きさ、掲載の期間によって料金は異なります。

2つ目は「インプレッション保証型」です。広告を必ず表示させる回数（インプレッション数）を決めておき、その回数に応じた料金がかかります。

3つ目は「クリック課金型」です。これは、表示させた広告に対してユーザーがクリックしたときに初めて課金される方式で、「PPC（Pay Per Click）広告」とも呼ばれます。クリックされたときだけ料金がかかるので、無駄がありません。

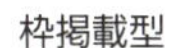

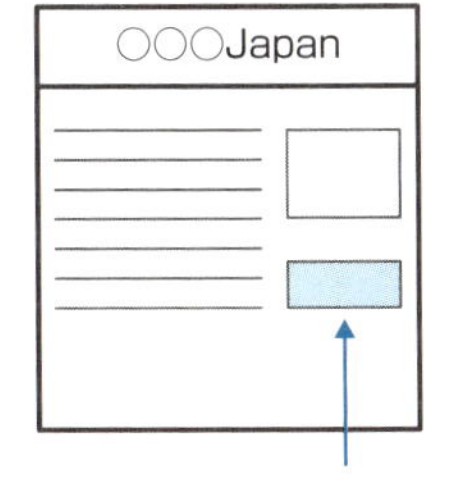

1つの枠につきいくらと料金が決まっている。表示回数やクリック回数にかかわらず料金が発生する

インプレッション保証型

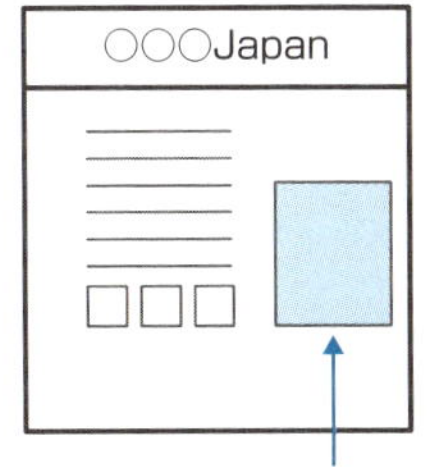

決められた回数まで表示されることを保証する

クリック課金型

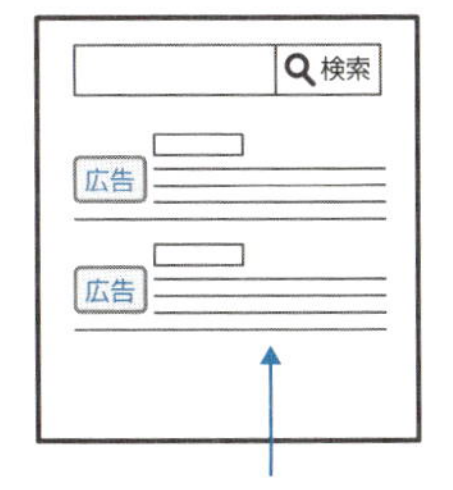

クリック1回につきいくらと料金が決まっている。クリックされなければ費用は発生しない

まとめ

- 広告の種類を知る
- インターネット広告は効果を測定できる
- インターネット広告の種類としくみを知る
- インターネット広告の課金方式を知る

リスティング広告を出稿しよう

出稿のしかたを知る

インターネット広告の出稿は、Web 制作会社や広告代理店に委託するケースが多いと思います。専門家ならではのスキルやノウハウを持っているので安心ですが、出稿作業を自分たちでもかんたんに行えることがインターネット広告のメリットの１つでもあります。実際に、どのように出稿して運用するのかを学んでいきましょう。

ここでは、P.114 で説明したリスティング広告を「Yahoo! プロモーション広告」と「Google AdWords」に出稿する方法について説明します。手続き自体はかんたんで、どちらもアカウントを取得するところから始めます。

「Yahoo! プロモーション広告」あるいは「Google AdWords」で検索して、公式の申し込みサイトで必要事項を入力し、アカウントの取得申請をします。アカウントの申請をすると Yahoo! JAPAN および Google での審査がなされ、問題がなければアカウント作成が完了します。そのあとも案内に従って進めていけば、広告を出稿することができます。

Yahoo! プロモーション広告の申し込み画面

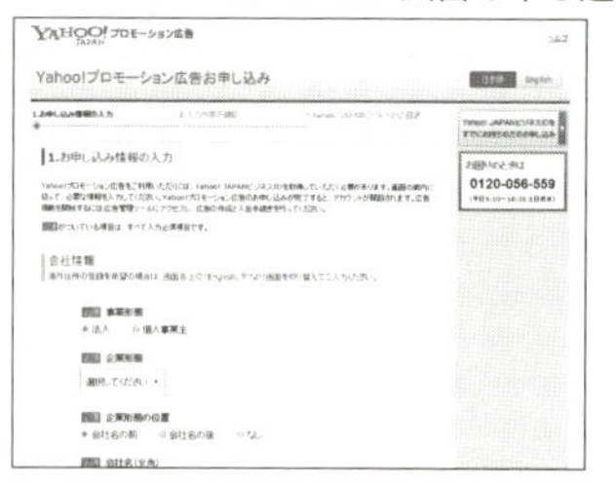

Google AdWords の申し込み画面

出稿するキーワード

SEOと同様に、リスティング広告においてもキーワードの選定が成否を分ける大きなポイントになります。キーワードを決める基本的な手順についてはSEOとほとんど同じですが、大きく違うのが、費用との兼ね合いで決めざるを得ないというところです。

広告の表示位置は入札で決まるしくみになっています。原則として、1クリックあたりに支払う単価を高く設定した広告のほうが上位に表示されます。また、スモールキーワードに対しての出稿よりもビッグキーワードに対する出稿のほうが当然高くなります。同じ費用をかけるならば、前述したロングテールの考え方にならって、たくさんのスモールキーワードに対して出稿するという選択肢もあるでしょう。

「Google AdWords キーワードプランナー」など検索エンジンが提供しているツールを使うと、広告出稿の際に参考となる検索ボリューム、想定入札単価、1日あたりの表示回数やクリック率、クリック数の予測を見ることができます。それらを参照しながら、出稿予算と期待される結果との兼ね合いで決めていくことになります。

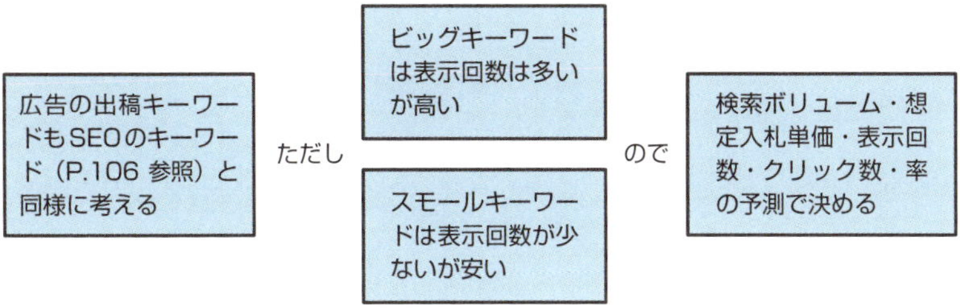

広告の出稿キーワードもSEOのキーワード（P.106 参照）と同様に考える

ただし

ビッグキーワードは表示回数は多いが高い

スモールキーワードは表示回数が少ないが安い

ので

検索ボリューム・想定入札単価・表示回数・クリック数・率の予測で決める

広告文とランディングページを考える

キーワードが決まったら、次は広告文を考えます。広告文は実際に検索結果に表示されるもので、オーガニック検索の結果と同様に、タイトル、URL、説明文で構成されます。ユーザーはこの広告文を読んで、クリックするかどうかを判断します。たとえ上位に表示されたとしても、ユーザーの興味をそそることがなければ、クリックされません。

そのような結果にならないように、広告文は、クリックした先にあるページが検索したユーザーにとってメリットのある有益な内容であり、ユーザーが求めているものがそこにあることを伝えられる文章にします。また、文章の中に出稿するキーワードを入れておくと、その部分が太字で紹介されるので目に止まりやすくなります。

一方、ユーザーがクリックした結果、リンクされるページをどこにするかもポイントです。Webサイトのトップページにすることが多いですが、広告文の内容に合った詳細ページにしたり、専用のページを新たに作ったりするケースもあります。これらのリンクさせるページのことを、ランディングページ（Landing Page）といいます。ランディングページは、ユーザーが期待していたものと合致していることが大切です。

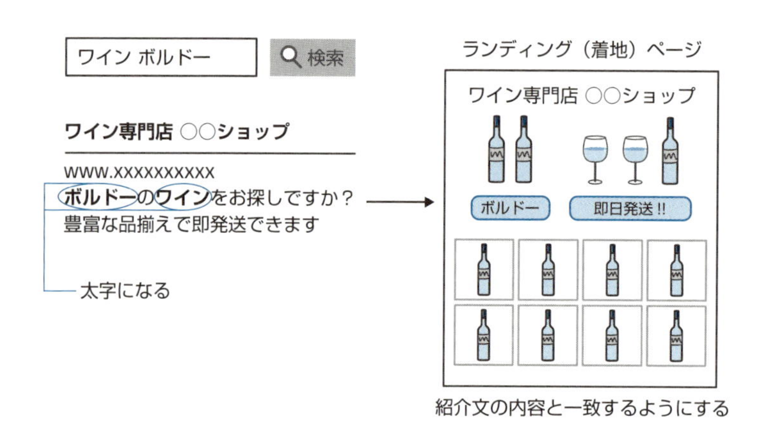

出稿計画をコントロールする

出稿したあともレスポンスをこまめにチェックし、パフォーマンスがよくないようであれば出稿計画の見直しを行います。出稿に対する成果はさまざまな指標がありますが、CPA と呼ばれる数値が大切です。

CPA とは、Cost Per Action もしくは Cost Per Acquisition の略で、1 件のコンバージョンあるいは 1 件の顧客獲得に要した広告費です。

たとえば、10 万円の広告費を使って 20 件の受注を得たとします。その場合、1 件の受注に要した広告費は 5,000 円です。一方、受注した 20 件の平均販売単価が 8,000 円だとしたら、5,000 円かけて 8,000 円を売り上げたことになります。ところが、10 万円かけて 10 件しか受注を得られなかったとしたら、CPA は 1 万円で赤字になります。その場合は、出稿を中止するなどの対策が必要となります。いずれにしても、広告出稿後もこまめに調整していくことが大切です。

CPA を考え、広告を運用していく

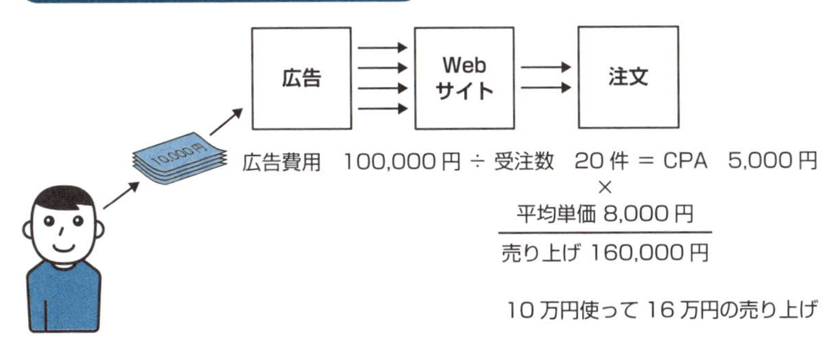

まとめ

- リスティング広告の出稿方法を知る
- 出稿するキーワードを考える
- 広告文とランディングページの組み合わせが大切
- パフォーマンスにより計画を修正する

Webサイトでの情報発信で集客しよう

Webサイトでの情報発信こそが集客の要

SEOや広告による集客の効果をさらに高めるとともに、それらに過度に依存することなく集客する方法があります。それが、Webサイトでの価値ある情報の発信です。

価値ある情報をたくさん発信していけば、検索結果の上位に表示される可能性も高くなり、結果として訪問者の増加が期待できます。

SEOでは、あくまでも検索エンジン側にどのWebサイトを上位に表示させるかの主導権があり、それにうまく合わせていくためには相応の労力が必要です。外部の専門外者に任せることになれば費用もかかります。また、広告は広告を出稿している間しか効果を期待できません。

これらに対して、自分たちのWebサイトでの情報発信なら、情報コンテンツを作る労力はかかるものの、極めて低コストで自由に行えます。さらに、情報を公開している限り、その効果は半永久的に継続します。

SEO	広告	Webサイトでの情報発信
△ 表示順位は検索エンジンの判断 △ 自社でやろうとしても難しい △ 専門業者の依頼には費用がかかる ○ うまく上位に表示されれば絶大な効果が得られる	△ 費用がかかる △ 効果は費用が発生している期間に限られる ○ 即効性がある	△ 手間がかかる △ 即効性はない ○ 長い効果が期待できる

オウンドメディアとは

オウンドメディア（Owned Media）という言葉をご存知でしょうか。Owned は「自分たちの」もしくは「自社の」という意味ですから、「自社メディア」ということになります。前項で説明した自社サイトでの情報発信を積極的に行っていくことの究極形ともいえる形で、自らメディアを作っていくようなイメージです。

自社の紹介から、提供する商品やサービスに関連する情報、業界の関連情報まで、自分たちで記事を作り、自社サイトや場合によっては別サイトを新たに立ち上げて情報を発信していきます。それが有用な記事であれば、検索されて Web サイトへの訪問者増加につながることもあります。人によっては、その Web サイトをブックマークや購読登録して、次の新しい記事を心待ちにしてくれることもあるでしょう。こうした中で、記事を配信している Web サイトと運営者に対する信頼が生まれ、その Web サイトの商品やサービスをユーザーが受け入れやすくなることが期待できます。

オウンドメディアに対し、認知や信頼獲得のために利用するブログや SNS（P.124 参照）などをアーンドメディア（Earned Media）、広告のように支払いを伴うものをペイドメディア（Paid Media）といいます。そして、これら 3 つを合わせて「トリプルメディア」といいます。

オウンドメディア
Owned Media
自社で持っている媒体

Web
サイト
会社
概要
パン
フレット
カタログ

ペイドメディア
Paid Media
・Google AdWords
・Yahoo! プロモーション広告
・新聞、雑誌、テレビ、ラジオ広告

アーンドメディア
Earned Media
・ブログ
・Facebook
・Twitter
・LINE
・YouTube

コンテンツマーケティング

オウンドメディアに似た用語に、コンテンツマーケティングがあります。どちらも、豊富な情報コンテンツを発信していくことで、集客機会の拡大や、見込み顧客からの信頼獲得を期待するものです。

オウンドメディアが自社で運営するWebサイトをメディア化するのに対し、コンテンツマーケティングでは、自社運営サイトだけでなく、Twitter や Facebook、YouTube などにも積極的に情報を配信します。

外部のメディアも使うことで得られるメリットは、情報の発信範囲を広げられることのほか、情報の伝播速度を早められることがあります。とくに話題になりやすいコンテンツであれば、非常に短期間かつ広範囲への情報拡散が期待できます。

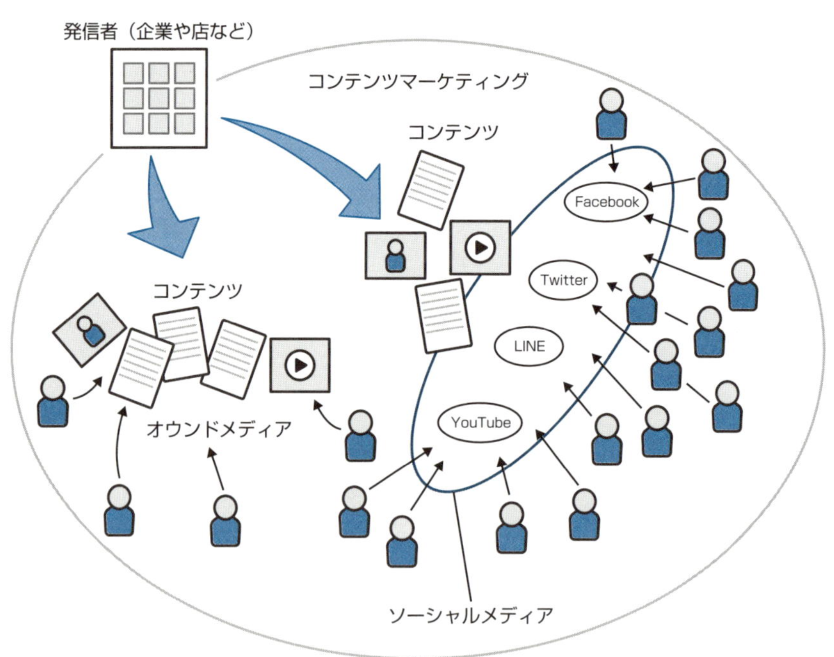

コンテンツを通してユーザーとの関係を作っていく

専門情報を発信することで得られるもの

コンテンツマーケティングやオウンドメディアの活用は、SEOで上位表示されるような絶大な集客効果や、広告出稿のような即効性はありません。しかし、自分たちのペースで自由に発信していける魅力があります。また、積み上げていった情報コンテンツはWebサイトの資産となり、ニッチなワードにも検索されるようになることが期待できます。ユーザーにとって有用な情報を提供しているWebサイトだと検索エンジンに評価されれば、ビッグキーワードでの検索においてもよい結果が得られるようになるでしょう。そして、もっとも大きなメリットは、くり返し訪問してくれるユーザーとの信頼関係を構築していける点にあります。

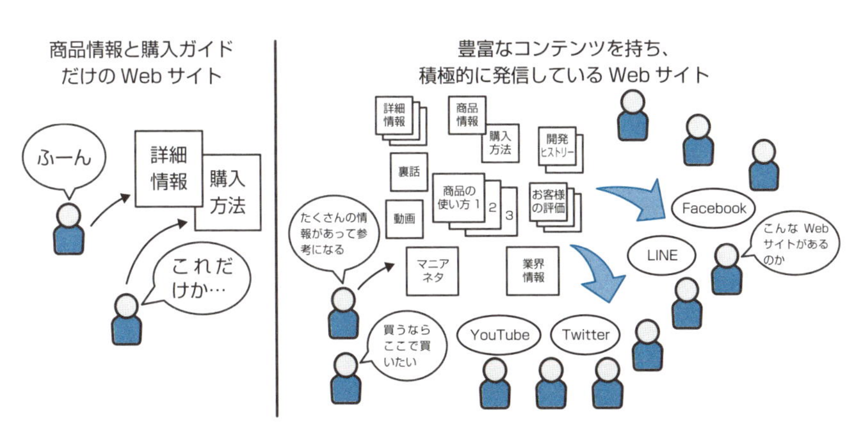

- Webサイトで情報を発信していくこと自体が効果的な集客手法
- オウンドメディアとは自社メディアのことであり、トリプルメディアの1つ
- コンテンツマーケティングは、自社サイト以外のメディアにも情報コンテンツを発信することで認知や信頼の醸成を行う手法である
- 有益な情報は、それを発信する人や組織に対するユーザーからの信頼につながる

いろいろなサービスやツールで集客しよう

SNSの活用

SNS(Social Networking Service) とは、人と人とのつながりを促進するサービスやWebサイト、アプリケーションのことをいいます。有名どころでは、短文やつぶやきをやりとりするTwitter、世界最大のSNSであるFacebook、写真の投稿と共有ができるInstagram、コミュニケーションツールとして圧倒的な利用者数を持つLINEなどがあります。

SNSでの配信先は、原則として自社のファンですので、好意的な反応が期待できます。これらのサービスに登録し、SNSを活用した情報発信にも挑戦してみましょう。

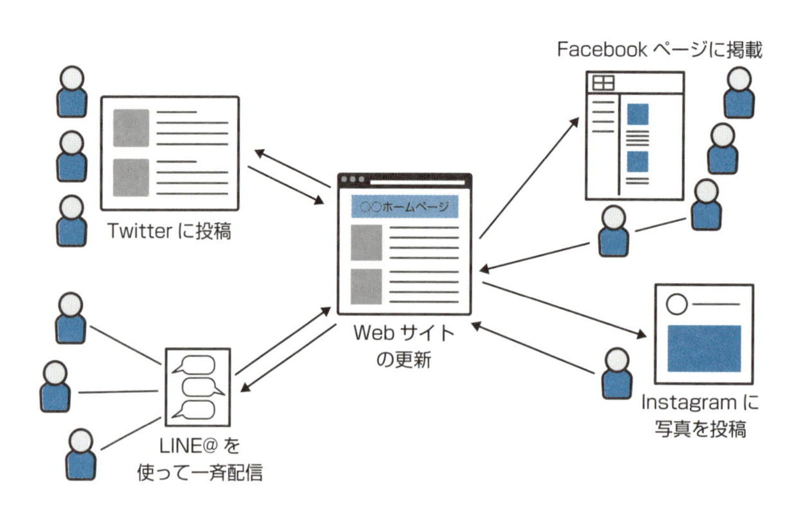

ブログの活用

Webサイトとは別に、ブログを開設するのも集客に役立ちます。Webサイト上でのフォーマルな情報とは別にWebサイトの運営者や担当者が書くブログは、人間味が感じられて親しみが持たれやすいものです。たとえば、通販サイトで商品を買うときに、同じものを同じ値段で売っていたとしたら、運営者がどんな人かわかり親しみを感じられる店で買いたい人のほうが多いのではないでしょうか。

また、ブログを書き続けてページ数が増えれば、そちらのコンテンツが検索の対象になり、SEOにも一定の効果があるはずです。手間がかかり、地味な作業ですが、積み重ねたコンテンツは宝になるでしょう。

ブログサービスを提供する会社はいくつかありますが、無料のものは広告が表示されたり、さまざまな制約もあります。有料のサービスを契約をするか、あるいはWordPressのようなシステムを使って、自社で環境を構築・管理して発信できるようにするのが望ましいでしょう。

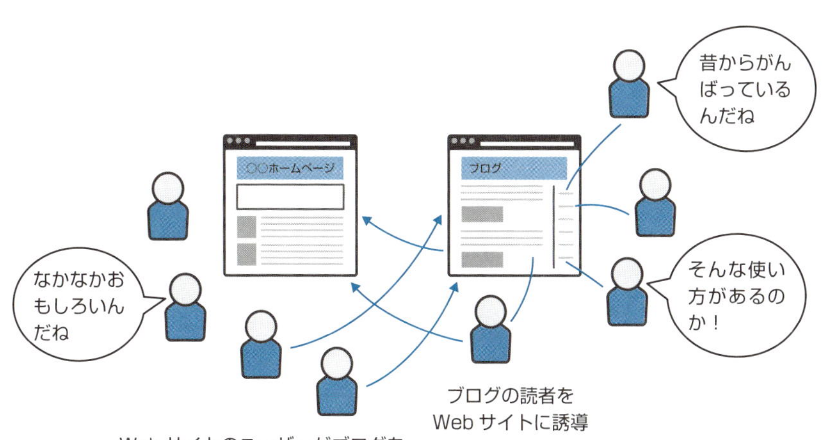

メールマガジンの配信

メールマガジンは、Webサイトと異なり、こちらからユーザーのもとへ積極的に働きかけられるプッシュ型のメディアです。

Webサイトは、どんなにユーザーの心をわしづかみにするような商品やサービスなどのコンテンツがあったとしても、ユーザーに訪問して見てもらえなければ、存在しないも同然です。しかし、メールマガジンは直接その情報をユーザーに伝えられます。

Webサイトは顧客の訪問を待ち受ける店舗であるのに対して、メールマガジンは顧客のもとに直接訪問する営業マンのようなイメージです。訪問しても門前払いされることがあるように、メールマガジンも必ず見てもらえるわけではありません。しかし、そのメールマガジンにはいつも有益な情報が載っているとユーザーに認識されれば、見てもらえる可能性が高くなります。

そのためには、ユーザーの利益につながる情報をしっかりと考えて掲載すること、そして、思い付きや場当たり的な発行ではなく定期的に発行することが大切です。また、オプトイン（opt-in）といって、あらかじめメールマガジン送付の承諾を得ておくことも必要です。

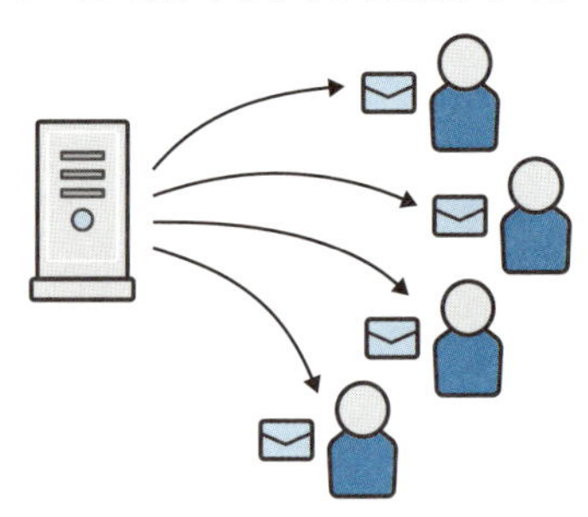

モールへの出店

通販を行っているWebサイトであれば、モールへの出店を考えてみてもよいでしょう。

本章のはじめに説明したとおり、できたばかりのWebサイトは深い森の中に通じる一本道の奥に、誰にも知られずにオープンした店のようなものです。そのような店は、大通りからの入口に道案内の看板を立てたり、DMを出したり、広告を打ったりして集客に励む必要がありますが、もともと人通りのないところでは、認知されるまでに時間がかかります。

モールへの出店は、人通りの多い大通り沿いやショッピングモールに店を構えるようなものです。その分、家賃は高くなりますが、集客にかける手間や費用との比較で検討しましょう。現在の運営サイトとは別に、支店を出すようなイメージです。支店での認知度が上がることで、本店への集客の相乗効果も期待できます。

ただし、モールへの出店には注意すべき点があります。大手のモールでは数万店から数十万店もの出店がありますので、同じジャンルでの競争が激しく、「モール内でのSEO」を施さなければならないケースも出てきます。また、集客のためのモール内広告にも費用がかかるため、費用対効果を考えた運用が必要です。

モールへの出店は、人通りの多い大通りや
ショッピングモールへの出店と同じ

プレスリリース

プレスリリース（Press Release）とは、企業や組織がニュースなどの記事にしてもらうことを期待して行う、報道機関向けの発表や情報提供です。新聞や新聞社を意味するPressに対して、情報を記事ネタとしてRelease（発表・放出）することからそう呼ばれます。

PR（Public Relations）活動の一環として、大企業の新製品発表などでよく使われてきた方法ですが、有名企業の発表か、よほどおもしろい内容でないと、なかなか記事にはなりにくいことも事実です。しかし、もし記事になれば、無料で実施できるうえに、新聞に掲載された旨をWebサイトに掲載することでユーザーからの信用強化にもつながりますので、やってみる価値はあります。

出し方としては、地元の経済記者クラブ（自治体庁舎や商工会議所内などにあることが多い）に設置されている報道各社の棚やボックスに、商品やサービスの特徴、アピールポイントをまとめた用紙を配布する「投げ込み」と呼ばれる方法が基本です。用意すべき部数などもありますので、事前に電話で確認するとよいでしょう。投げ込んだプレスリリースに興味を持ってもらえれば、電話などで取材され記事になります。

ほかにも、報道各社にメールやFAXを一斉送信する方法もありますし、インターネット上でプレスリリースを代行するサービスもあります。費用がかかるケースもありますが、検討してみるのもよいでしょう。

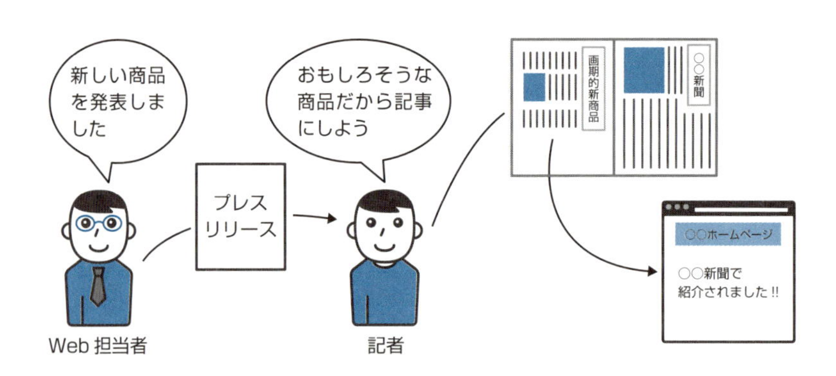

印刷媒体からも集客する

紙媒体である名刺やパンフレットなどから集客する手法もあります。

URL を印刷しておくだけでもよいのですが、アドレスが長いと入力が面倒で敬遠されてしまうかもしれません。そこで、サイト名や商品名で検索してもらうという方法があります。これは紙媒体に限らず、テレビなどのCMでも「○○で検索！」という具合に使われています。

また、スマートフォンやタブレットからのアクセスに便利な方法がQRコードです。印刷されたQRコードを撮影するとWebサイトのURLが読み込まれ、そのままスマートフォンやタブレットのブラウザでアクセスできる状態になります。手軽にWebサイトへ誘導できるので、名刺をはじめ、チラシ、封筒など、印刷できるものには入れておきたいところです。

紙媒体からも集客しよう

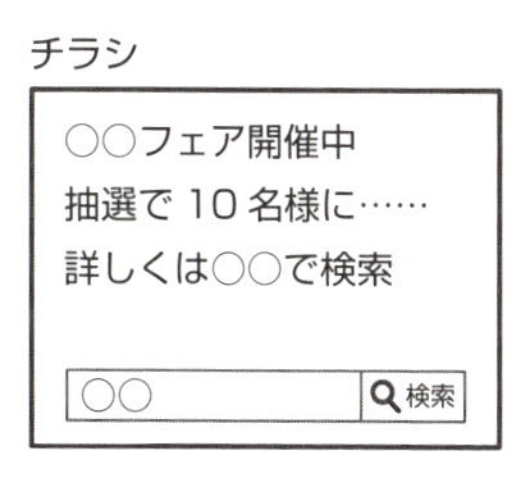

まとめ

- SNSを活用した集客を試してみる
- ブログで見込みユーザーからの親近感を得る
- メールマガジンは、能動的な情報発信ができる
- モールへの出店も検討する
- プレスリリースを新聞社に出してみる
- QRコードなどを使い、印刷物からも集客する

SECTION 09

訪問したくなるWebサイトにしよう

くり返し訪問してもらえるようにする

ふたの開いた大きな樽があったとします。そこに、ホースやバケツを使って上から水を入れています。ところが、その樽にはあちらこちらに穴が開いていて、水が漏れています。上から入れる水よりも穴から漏れて出ていく水が多ければ、樽に水は貯まりません。

実は、これと同じことがWebサイトの集客の現場で起きています。成果を上げるためには、さらに手間や費用をかけて「上から入れる水を増やすしかない」と考えてしまいがちですが、「樽の穴をふさぐこと」が大切です。樽に貯まった水は、いってみれば、そのWebサイトのファンです。Webサイトのファンを増やして、何度もくり返し訪問してもらえるようにしましょう。

どんどん水を入れることより、
穴をふさいで水が漏れないようにしたほうがよい

ブックマークからの訪問

SEOでも広告でもなく、SNSやブログ、メールマガジンなど他媒体からの集客でもない、王道ともいうべき集客方法があります。それは、ユーザーが自分のブックマーク（お気に入り）に登録したリンクからの訪問です。

ブックマークに登録してもらうのに費用はかかりません。ユーザーが自分で登録するだけです。地味な集客方法に思われるかもしれませんが、ブックマークするということは、ユーザーが「またいつか訪問したい」と考え、自らの意思で登録するわけですから、そこからの訪問はコンバージョンへの期待も大きくなります。

しかし、ブックマークされるためには、そのWebサイトがユーザーにとって価値のあるものでなければいけません。「必要な情報がある」「ほしい商品を扱っている」「見ていて楽しい」など、ユーザーに利益や利便性、楽しみを与えられるWebサイトになる必要があります。

Webサイトの目的達成を目指して真摯に運営を続けていけば、自然とユーザーにとって価値のあるWebサイトになっていくでしょう。

登録したお気に入りから再訪してもらうのが集客の王道
お気に入りに登録されるWebサイトにしよう

RSSを配信する

RSSとは、ニュースやブログ、Webサイトの更新情報などを要約・配信するのに使われるデータ形式です。RSSフィード（RSS feed）という配信技術を使うことで、Webサイトの更新情報を配信できます。

RSSフィードは、多くのブログサービスに標準で付いています。CMSでも標準装備されているものが多いです。もし標準装備されていない場合には、RSSフィードを作成できるツールやサービスがありますので、それらを利用するとよいでしょう。RSSフィードで配信された情報は、RSSリーダーというソフトウェアやRSSに対応したブラウザによって受信できます。

一般的に、ユーザーは気に入ったWebサイトがあると、ブラウザのブックマークに登録しておきます。ただし、そのWebサイトが更新されているかどうかは、訪問してみなければわかりません。何度見にいっても、前回訪問時と変わっておらず、更新されていないとユーザーの期待を裏切り、不満につながりかねません。RSSフィードの受信設定をしておいてもらうことで、ユーザーは更新された旨の情報を受信してから見ることができ、無駄な訪問をしなくて済むようになります。

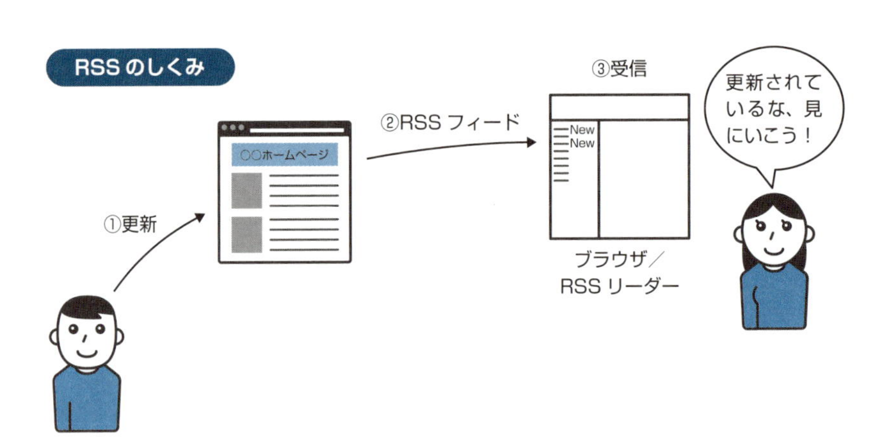

ほかのWebサイトからのリンク

アクセスログを見ていると、オーガニック検索や広告からの流入以外に、ほかの Web サイトからの流入がかなり多くなっていることがあります。これは、自社の Web サイトがほかの Web サイトで紹介され、リンクを張られている状態です。多数のユーザーを抱える著名な Web サイトで紹介された場合、そこからのアクセスは無視できないレベルの数になります。

多くの場合、好意的な紹介のされ方なので、その Web サイトを信頼しているユーザーからは「推薦サイト」という位置付けで見られるようになると期待できます。ほかの Web サイトから紹介される価値のある Web サイトにしていくことが大切です。

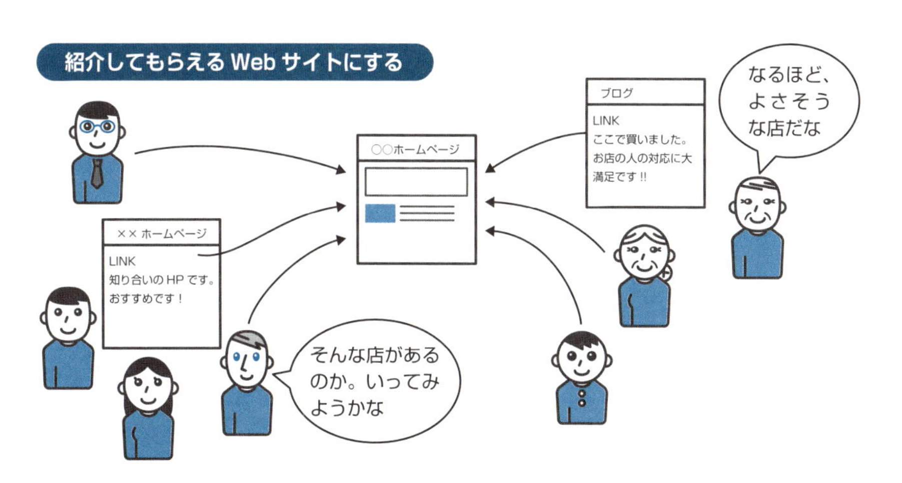

まとめ

- 何度も訪問してもらえるWebサイトにする
- ブックマーク(お気に入り)に登録されるWebサイトになる
- RSSを使って更新情報を配信する
- ほかのWebサイトから紹介される価値のあるWebサイトにする

COLUMN

育てがいのある Webサイトにしよう

本章で述べたとおり、生まれたばかりのWebサイトは存在を誰にも知られておらず、訪れる人もいません。しかし、集客活動を地道に行っていく中で訪問者が増え、注文など、そのWebサイトにとって望ましいアクションをしてくれるお客さんも増えていきます。人が増えるとWebサイトに活気が出てきます。実在の店舗と違って訪問者の姿が見えるわけではありませんが、それでも活気のあるWebサイトはわかるものです。

アクセスログを見てみれば、具体的な訪問者数がわかります。それが確実に増えていき、注文や問い合わせが増え、繁盛している手応えを感じられるようになってきます。Web担当者にとって、自分が運営管理しているWebサイトの成長はとてもうれしく、やりがいを感じられることです。

もちろん、さまざまな集客施策をしても、いつも期待どおりの反応が得られるとは限りません。失敗に終わることもあるでしょう。しかし、試行錯誤をくり返し、経験を積み重ねるうえで、自分自身の成長も実感できるようになります。Webサイトと一緒に自分の成長も楽しみましょう。

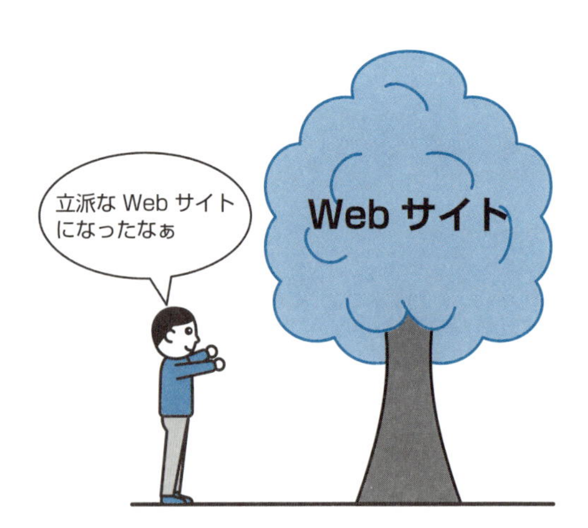

第 4 章

Webサイトを分析しよう

アクセス数やコンバージョン率が思うように伸びない場合、課題がどこにあるのか分析する必要があります。何をどのように分析するのか、見るべき対象や具体的な方法について本章で学びましょう。

SECTION 01

Webサイトを分析して課題を発見しよう

計画・実行・検証・仮説設定をくり返す

ここまで、Webサイトの構築と管理、集客を学んできました。それらを実行した結果はどうでしたでしょうか？　事業活動において、実行したことに対する効果を検証するのは当然のことです。目標としていた成果が出せたのか、目標に届かなかったとしたらその要因は何か、何をどう変えたらよくなるのか。それらを分析し、改善へとつなげていきます。そして、それをくり返し行い続けます。

これらの改善のためのくり返しをPDCAサイクルといいます。計画（Plan）→実行（Do）→評価（Check）→改善（Act）をくり返す手法が有名ですが、くり返しを前提にすると、改善（Act）と実行（Do）の重複に違和感を覚える人もいるでしょう。そこで、本書では「計画→実行→検証→仮説設定」として説明します。

本章では、この中の検証について、Webサイトの分析と集客施策の結果を分析する方法を説明していきます。

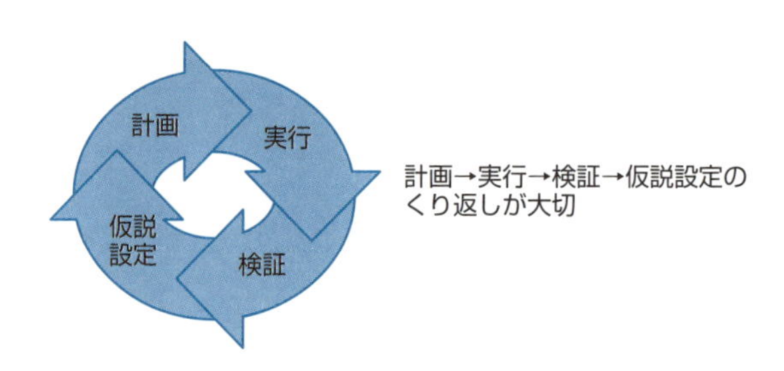

何を分析するのか

検証はまず、現在のWebサイトの状態と集客活動の結果を分析して状況を把握するところから始めます。その結果、状況が思わしくない箇所については、それを課題であると認識します。そして、なぜその結果となったのか原因を推測し、改善するための方法を仮説として立てます。

では、具体的には何を分析していけばよいのでしょうか。そもそも何のために改善をするかというと、それは目標の達成のためです。第1章で説明した目標達成のための算式（P.28参照）を思い返してみればわかりますが、目標を達成するにはアクセス数とコンバージョン率を計画した以上の数値にすることが必要です。したがって、ここでの検証は「なぜ計画したとおりのアクセス数を稼げないのか」と「なぜ計画したコンバージョン率に届かなかったのか」の2点を分析して、原因の推察と仮説の立案を行うことになります。通販サイトの場合には、上記の2つに加えて「なぜ計画した販売単価を下回ったのか」を分析します。

いずれの数値も計画を上回っていれば成功といえますが、その場合は、さらに上の目標に向かって進みましょう。

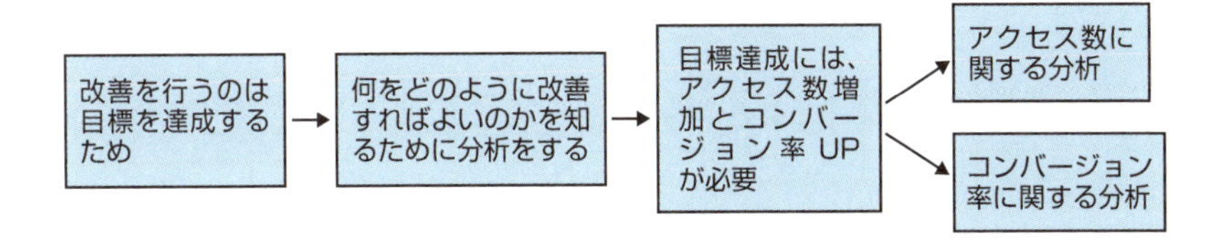

目標との差異に注目する

アクセスログ解析結果の数値を見て、それがよいのか悪いのかを判断する基準となるのが目標です。

第1章で、目標を達成するための算式と成功の鍵となる数値目標について学びました（P.28、P.29参照）。Webサイトの分析もそれに基づく改善も、すべては目的の達成のために行います。そのため、目的の達成目安である目標に届いたかどうかが、成否の判断基準になります。

目標達成のための算式で説明したとおり、成果を生み出す要素の1つがアクセス数、もう1つがコンバージョン率です。目標として掲げたコンバージョン数は達成できているでしょうか。届かなかった場合、アクセス数、コンバージョン率のどちらが下回っていたのでしょうか。

まったく初めてで、想像もつかない状態でこれらを設定したのなら、それぞれの計画数値が実績数値とかけ離れている可能性もあります。それぞれの数値を見直してもよいかもしれません。

ただし、目標数値については変えてはいけません。その目標数値を達成するために必要なアクセス数とコンバージョン率の計画数値を設定し直して、それらをクリアすることを目指しましょう。

①計画したコンバージョン数との差は？
②その差が発生した要因は、アクセス数とコンバージョン率のどちらにあるのかを見る

分析と課題発見の方法

Webサイトの分析と課題発見のために見るべき点は、アクセス数に関する「集客活動の成果」とコンバージョン率に関する「訪問したユーザーの行動」であり、それらと対になる「集客のために行った施策」および「ユーザー行動に影響を与えたと考えられるWebサイト側の要因」との関係性です。

それらを解明するために行うことは、大きく2つあります。1つはアクセスログの解析、もう1つはWebサイトに対する各種テストの実施です。

アクセスログの解析はいわば定量データの分析であり、ユーザーの行動ログという事実に対して、そのような行動に至った要因を、行った施策の効果検証とランディングページの状況から見ていきます。

一方、各種のテストから見えてくるのは定性的なデータです。主観、客観それぞれの視点からテストを実施して出てきた課題を分析します。

アクセスログの解析と各種テストのいずれにおいても大切なのは、そのような結果に至った要因を推察すること、そして、そこから改善の具体的な方法を見いだすための仮説を立案することです。

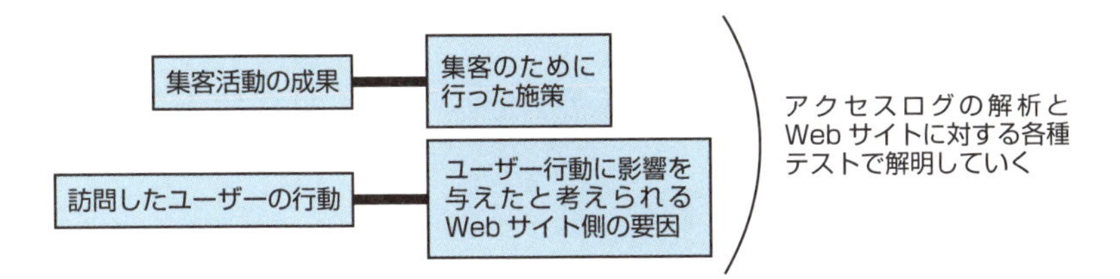

- 計画・実行・検証・仮説設定をくり返し、改善につなげる
- 目標達成のために何を分析するのかを考える
- 目標数値との差異が成否の判断基準となる
- 分析と課題発見のために見るべき点とその解明方法を知る

アクセスログの見方を知ろう

アクセスログツールを導入する

実在の店舗であれば、「お客さんがたくさんきている」「閑古鳥が鳴いている」といった状況は一目瞭然ですが、Webサイトでは目に見えません。そこで、ユーザーの流入状況やWebサイト内での行動を把握できるように、アクセスログツールを導入します。

データが確実に記録されるため、見た目でお客さんが多い少ないという「感覚」ではなく、正確な「数値」で把握することができます。

アクセスログツールにもさまざまな製品がありますが、「Google Analytics」は、高機能なうえに無料で使えるのでおすすめです。導入は、まずアカウントの作成から始めます。その後、解析したいWebサイトの名前やURLなど必要事項を入力していくと、「トラッキングコード」と呼ばれるプログラムのコードが発行されます。そのトラッキングコードをWebサイト内の指定された場所に貼り付ければ準備完了です。

アクセスログの見方を知る

「Google Analytics」の設置が完了して、ある程度、アクセスログが取れたらさっそく見てみましょう。「レポート」の中の「サマリー」を選択すると、主要な数値を見ることができます。

最初に、見たいログの期間を選びます。「セッション」の数字はWebサイトへの訪問数、「ユーザー」は訪れたユーザーの人数を示しています。同じユーザーがWebサイトを2回訪問した場合、「セッション」は2とカウントされるのに対して、「ユーザー」は1とカウントされます。「ページ/セッション」は、1回の訪問につき何ページ見られたかの平均の数値です。全体で何ページ閲覧されたのかは、「ページビュー数」でわかります。「平均セッション時間」は、1回の訪問でユーザーがWebサイトに滞在していた時間の平均です。「新規セッション率」はWebサイトに初めて訪問したユーザーの割合です。

Google Analytics サマリー画面

まとめ

- アクセスログツールとしてGoogle Analyticsを導入する
- 取得したアクセスログの見方を確認する

アクセス数が伸びない原因を探ろう

流入元ごとに考える

Webサイトの課題として最初に直面することが多く、かつ深刻な問題は、「アクセス数が増えない」というケースです。

なぜアクセス数が少ないのか原因を探りましょう。それにはアクセスログを見て、自社のWebサイトに訪問するユーザーがどこからきたのかを調べます。ユーザーがWebサイトにくる前に経由したWebサイトを、リファラーといいます。通常はオーガニック検索経由での訪問が多いですが、広告を出していれば、そちらからの流入も多いでしょう。それ以外のリファラーはどうでしょうか。まずは、ユーザーがどこから、どれくらいきているのかを知るところから分析を始めます。

どこから、どれだけの人がきているのかを確認しよう

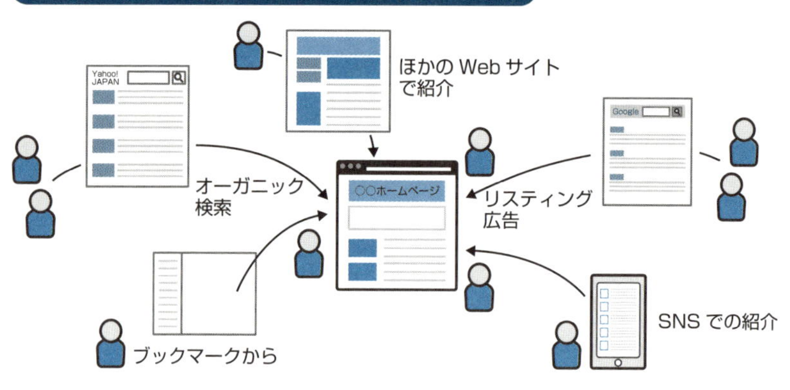

SEOの効果を見る

通常、広告を出稿していない状態では、オーガニック検索からの訪問がほとんどです。この呼び込みができていないというのは、かなり厳しい状況です。オーガニック検索からの流入が不調ということは、SEOが機能していないということですから、そこを見直します。

Webサイトに訪れるユーザーはどんなキーワードで検索してきているのでしょうか。また、設定したキーワードでの表示順位はどうでしょうか。解析ソフトを使えば、たくさんのキーワードの検索順位を一覧で見られるので、通常はそれを参考にします。場合によっては、実際に検索してみて、自社のWebサイトの表示されている順位と状態を確かめましょう。

順位が低ければ、順位を上げる対策が必要です。また、自社サイトの前後にはどんなWebサイトが並ぶのか、競合サイトはどのように表示されているのかもチェックします。どちらのほうがクリックしたいと思うかなど、自分がユーザーになったつもりで見ることも大切です。

検索キーワードと表示順位の状態を確認しよう

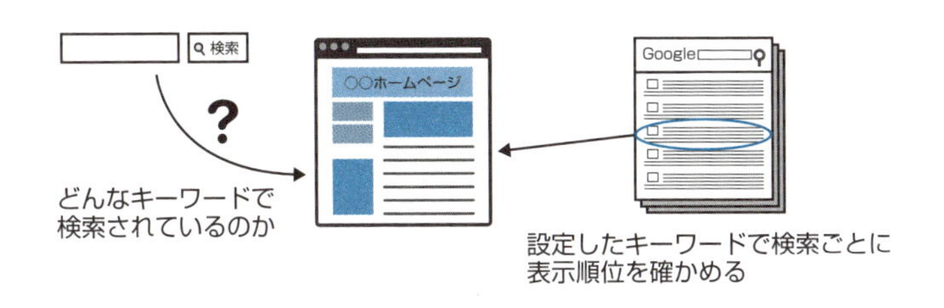

広告の効果を見る

広告を出稿すると、投入した広告費や運用の技術により程度の差はあるものの、訪問者が増えます。したがって、単に集客数を増やすだけなら、広告をどんどん打っていけばよいのです。しかし、広告出稿には費用がかかるため、無制限に出すわけにはいきません。

そこで、広告の効果は単に「広告からどれだけの集客ができたか」ではなく、「どれだけ費用対効果の高い広告運用ができたか」で測ります。その指標となるのが、1回のコンバージョンに要した費用を示すCPA（P.119参照）です。この数値をどれだけ低く抑えられるかがポイントです。

入札単価を上げればクリックされる可能性が高くなりますが、その先のコンバージョン率が変わらなければCPAは上がってしまいます。そのため、パフォーマンスの高いキーワードに絞り込む、あるいは、検索ボリュームが小さいために入札単価が低いロングテールのキーワードにまで数多く広告を打つなどの方法で、できるだけCPAを抑えましょう。

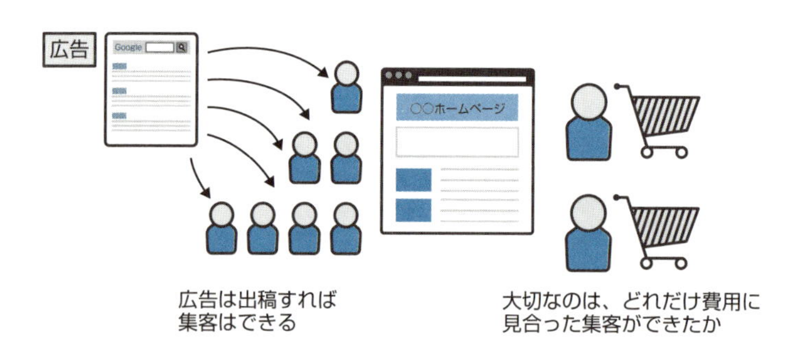

オーガニック検索と広告以外の流入

訪問客の多くがオーガニック検索と広告によるものですが、それ以外の訪問も無視できません。それどころか、検索エンジンに頼らない訪問を増やしていくことが、本来の正当な集客方法ともいえます。

インターネットの本質はリンクにあり、それぞれがつながりあうことによって形成されています。本来は、そのネットワークの中で互いによいと思える相手（Webサイト）を紹介し合う、自然でフラットな状態であるべきです。ところが、現在では検索エンジンの影響力があまりにも大きいため、訪問者の多くが検索エンジンを経由してくる状態になっています。検索エンジンの動向や評価のされ方などによって流入が大きく変わってしまうことを考えると、検索エンジンに過度に依存する状態はできるだけ低減していきたいものです。

そこで、オーガニック検索や広告以外の集客ができているか再確認しましょう。ほかのWebサイトからの紹介、SNSやブログ、メールマガジンや印刷媒体からの集客など、それぞれの数は少なくても、P.109で説明したロングテールのように、合わせれば大きな数字になります。

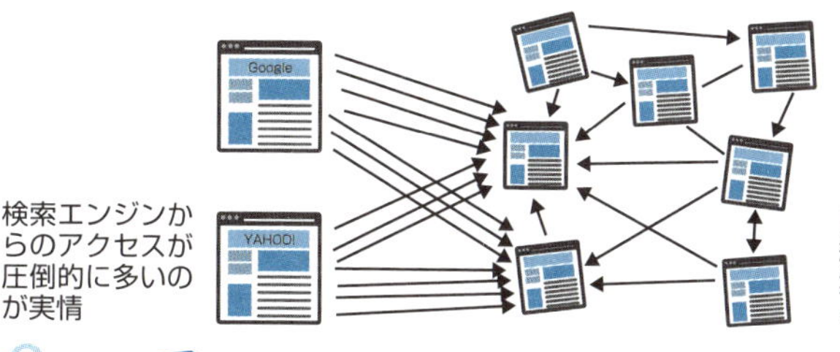

まとめ

- ユーザーがどこから訪問しているのかを知る
- 検索されたキーワードと表示順位を確認する
- 広告の効果はCPAで見る
- オーガニック検索と広告以外の集客にも力を入れる

来訪者が直帰する原因を探ろう

直帰とは

Webサイトに訪れたユーザーが最初の1ページを見ただけで出ていくことを、直帰といいます。

直帰されてしまう最大の理由は、訪れたページがユーザーの期待したものとは違うことです。たとえば、広告の説明文とWebサイトに訪れた際の印象が一致しなかった場合、直帰されてしまうでしょう。

もちろん、訪問した最初のページだけでユーザーが求めていた情報が手に入ったので直帰する場合もあります。直帰のすべてが悪いというわけではありません。ユーザーが求めていたと思われる内容の推察と、どのページで直帰したのかによって、判断する必要があります。

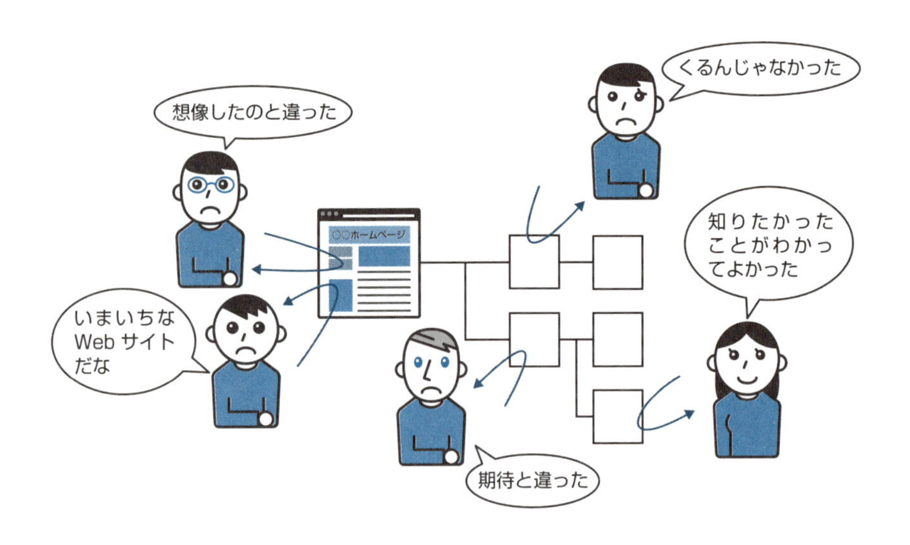

ユーザーが想定したWebサイトになっているかを考える

ユーザーの要望を満たせた状態での直帰であれば問題ないのですが、目的であるコンバージョンに至らずに直帰が起きてしまう理由の多くは、Webサイトとユーザーの期待とのミスマッチです。

ユーザーは通常、あえて無駄な労力と時間を浪費しようとはしません。つまり、何かしらの期待をもってWebサイトを訪問しているはずです。それでも直帰してしまうのは、「期待したものと違った」「期待に届かなかった」という不満があるからです。当然、そのような理由で直帰したユーザーが再度訪れる可能性は低いでしょう。

なお、そのページに訪問した数（セッション）のうち直帰した割合のことを直帰率といいます。直帰率とは、不満率でもあります。この数値は極力下げていかなければなりません。

Webサイトが期待外れであることのほかに、直帰を引き起こすもう1つの大きな要因として、自社の顧客層ではないユーザーを呼び込んでいることが挙げられます。

5人が訪問して3人が直帰したら、直帰率は60%

期待とのミスマッチ

直帰の原因となる、Webサイトとユーザーの期待のミスマッチは、具体的には次のようなケースが想定されます。

- 訪れたWebサイトのクオリティが極めて低かった
- 表示されるまでに時間がかかった、もしくは表示されなかった
- ほかのページも見たかったのに、リンクがわからなかった
- Webサイトの第一印象で胡散臭さが感じられ、信頼できなかった
- 安売りの広告から訪問したのに、定価販売だった
- 高額なブランド商品がほしくて訪問したのに、Webサイトが安っぽかった

クリックして訪問する前にイメージしていたWebサイトの姿と、訪問したときの現実の姿があまりにも違っていた場合に直帰が起きます。そのWebサイトを見てみようと思ってクリックする際、ユーザーはある程度の期待を持っているものです。それがどんな期待なのかを推測し、期待に応えられるWebサイトにすることが大切です。

集客する顧客層を間違えないようにする

呼び込んでいるユーザーが自社の顧客層ではないということも、直帰を引き起こす要因です。これには2つのパターンがあります。

1つは、自分たちが顧客層だと思っている層が実は間違っているというケースです。

もう1つは、自社の顧客になり得る正しい層をつかんではいるものの、訪問してくるユーザーがその層とは違うケースです。これは、SEOでのキーワード設定や、オーガニック検索結果で表示されるタイトル、紹介文などに問題があることが多いです。広告で集客した場合も、狙っているキーワードと広告文の設定に問題があると考えられます。

集客する顧客を間違えたり、違う層の顧客を呼び込んでも成果は上げられない

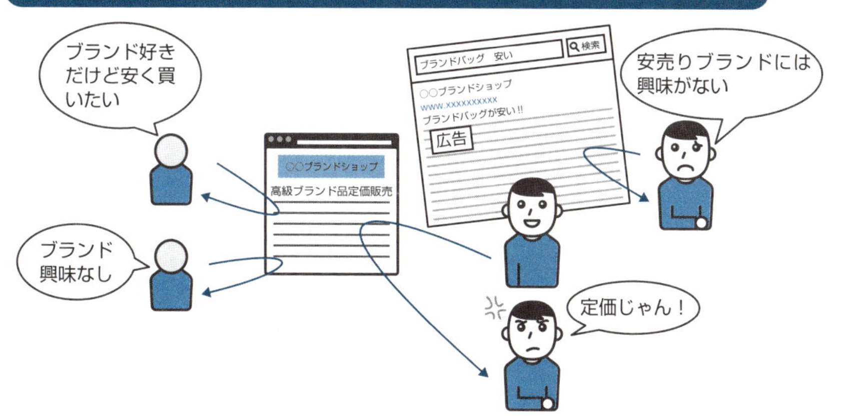

まとめ

- ユーザーに直帰されないようにする
- 訪問前にユーザーが想定したWebサイトになっているか考える
- ユーザーの期待とのミスマッチを起こさないWebサイトにする
- 集客する相手を間違えないようにする

SECTION 05

コンバージョンについて知ろう

コンバージョン率の改善

Webサイトの目的を達成するには、訪れたユーザーに「注文」や「申し込み」などの行動をとってもらわなければなりません。つまり、コンバージョンこそが、目的を果たすための最後の要になります。

しかし、集客はできても最終的なコンバージョンまでには至らないというケースが少なくありません。コンバージョンに向かってユーザーはページを遷移しているのに、どこかで止まってしまうのです。あともう一歩のところまできているだけに残念です。しかし、それだけの可能性があるということです。

コンバージョン率は、少しの施策ですぐに変わってきます。SEOのように、努力してもなかなか成果が出ないことや、改善した結果が反映されるまで時間がかかるというようなことはありません。確実な施策をしていけば、それに応えてくれるのがコンバージョン率です。それだけにおもしろく、やりがいのあるところです。

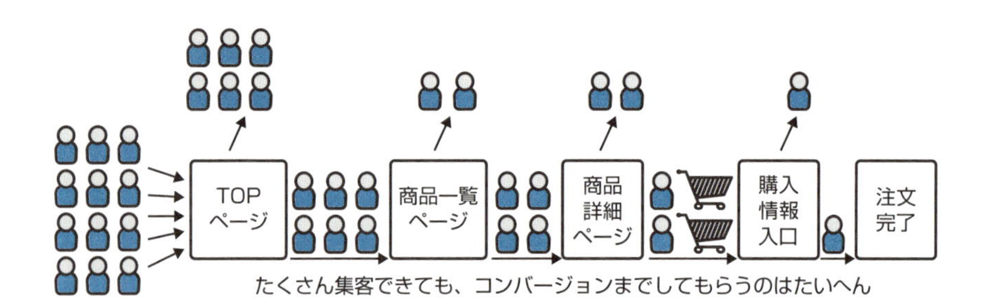

たくさん集客できても、コンバージョンまでしてもらうのはたいへん

コンバージョンに至らない要因を考える

なぜ、コンバージョンに至らないのか、ユーザーの立場になって考えてみましょう。

通販サイトを例に挙げれば、訪問したユーザーがWebサイト内を見てくれているのに購入に至らなかった場合、次のようなケースが考えられます。

① 購入するつもりでいたのに、購入する意欲がなくなった
② 購入したかったのにできなかった
③ 購入するつもりだったが、ほかのWebサイトで買った
④ 今回は購入するつもりはなく、情報収集のために訪問した

①と②については、Webサイトのどこかに問題があります。

③については、商品そのもの、値段、発送や支払いの手段および費用、Webサイトから感じられる運営者の印象などに問題があります。

④については、今後の見込み客になり得るので問題はありません。いざ購入しようと考えたときに選ばれる店になっておけばよいのです。

以上のように、それぞれのケースごとにその原因を分析し、対処方法の仮説を立てていきます。

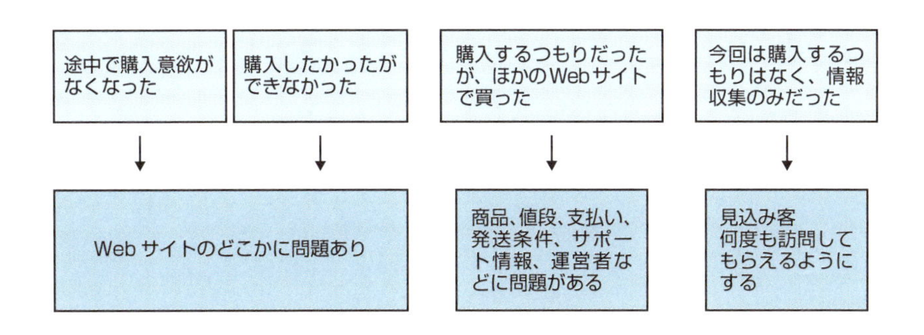

どのページで離脱しているかを知る

アクセスログを見ると、ユーザーがWebサイト内のどのページにランディングし、そこからどのようにページを見て、最後にどのページから離脱したのかまでわかります。

離脱とは、ユーザーがWebサイトの外へと出ていくことです。P.146で説明した直帰と異なり、離脱はWebサイトの目的を達成できたかどうかにかかわらず、必ず発生するものです。そのため、Webサイト全体での離脱率は100%です。

離脱が多いページを見ると、コンバージョンに至らなかった理由を推察するのに役立ちます。商品をいくつか閲覧したのに注文に至らず離脱したのであれば、ほしい商品がなかったか、商品の詳細を見て購入意欲が減退したのではないかと推察できます。価格表での離脱は、値段が高すぎると思われたのかもしれません。

配送方法や支払い方法などを紹介しているページでの離脱は、それらの条件が合わなかったと考えることができます。また、「カゴ落ち」と呼ばれる、買い物カゴに入れたのにやめてしまうケースでは、購入ステップのどこかに問題があると考えられます。

このように離脱ページでのユーザーの心理や状況を推察することで、仮説の設定や改善方法を検討できるようになります。

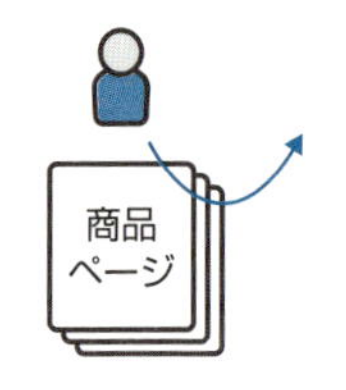

・ほしい商品がなかった
・値段が高かった
・スペックが合わなかった

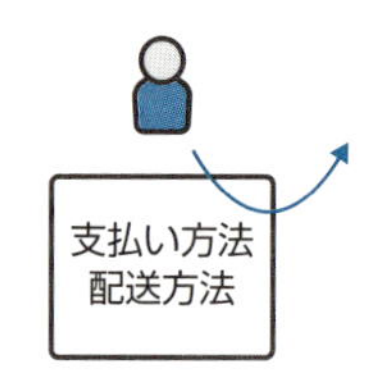

・使いたい支払い手段がなかった
・配送に時間がかかった
・配送料金が高かった

・購入ステップに問題もしくは不具合
・ユーザビリティが低い

コンバージョンの内容を確認する

コンバージョンは達成できればよいわけではありません。かけた費用に対して、得られた成果が見合うものだったかどうかが大切です。

その指標となるのが、投資収益率を表すROI（Return On Investment）という数値です。ROIは次のような算式で求められます。

ROI ＝（受注売上額－仕入原価などの費用）÷ 投資費用 × 100

たとえば、50,000円の広告費を使って、10,000円の商品が10人の顧客に1人1個ずつ、計10個売れたとします。売上額は100,000円です。商品を40,000（1個あたり4,000）円で仕入れ、諸経費が25,000（1個あたり2,500）円かかる場合、ROIは70%です。つまり、初回は赤字となります。しかし、リピーターを考慮し、一定の期間で見ることも大切です。

初回は赤字だが、2回目以降の注文でプラスにしていく

70% ＝（100,000円 － 65,000円）÷ 50,000円 ×100

70%	100,000円	65,000円	50,000円
ROI	売り上げ 10,000円 × 10個	原価40,000円 ＋ 経費25,000円	広告費

まとめ

- コンバージョン率の改善でコンバージョン数を増やす
- コンバージョンに至らないパターンを知る
- 離脱したページからコンバージョンに至らなかった理由を考える
- コンバージョンの中身を見て成果を確認する

来訪者の行動を確認しよう

ユーザーがいつ、どこから訪問しているのかを確認する

ユーザーは、いつ Web サイトを訪問しているのでしょうか。1 日の中での時間帯、曜日、月、季節などによってユーザーの行動がどう変わっていくのかを見ることは大切です。たとえば、年末年始やゴールデンウィーク、お盆など、大型連休の前後でどのように変わるのか見てみましょう。こうした変化を記録していくことで、イベントの前に Web サイトやランディングページを変えるなどの調整をしていくことができます。

また、ユーザーがどこから訪問しているかを見ることも大切です。検索エンジンも昔は全国一律の検索結果を表示していましたが、現在では閲覧者の地域を判別して、調整した結果を表示させることができるようになりました。しかし、必ずしも期待する地域からの訪問になるとは限りません。

いつ、どこから訪問しているのか、どの場合にコンバージョンが多いのかを知り、それをうまくコントロールしていきましょう。

いつ、どこから訪問しているのかを見る

ユーザーがよく見ているページを確認する

Webサイトの中で、とくにたくさん閲覧されているページはどこでしょうか。通常はトップページがいちばん多いですが、広告の設計やランディングページの設定によっては別のページにアクセスが集中することもあります。これらは計画に基づいた結果なので、それでよい状態です。

しかし、そのように意図していないのにもかかわらず、多くのアクセスを集めるページもあります。これらは、オーガニック検索で上位に表示されていたり、著名サイトや有力なWebサイトからリンクを張られていたり、あるいは、Webサイト内の意図しないリンクによって結果的にアクセスがそちらに流れている場合などもあります。

いずれの場合でも、そのページでの滞在時間が極めて短いわけでもなければ、それはユーザーの興味や関心を集めているページということになりますので、大切にしたいところです。また、そのページからの直帰率や離脱率が高いようであれば、そこからさらにWebサイト内のほかのページにうまく誘導できるような改修をしましょう。

なぜ、そのページがよく見られているのか考える

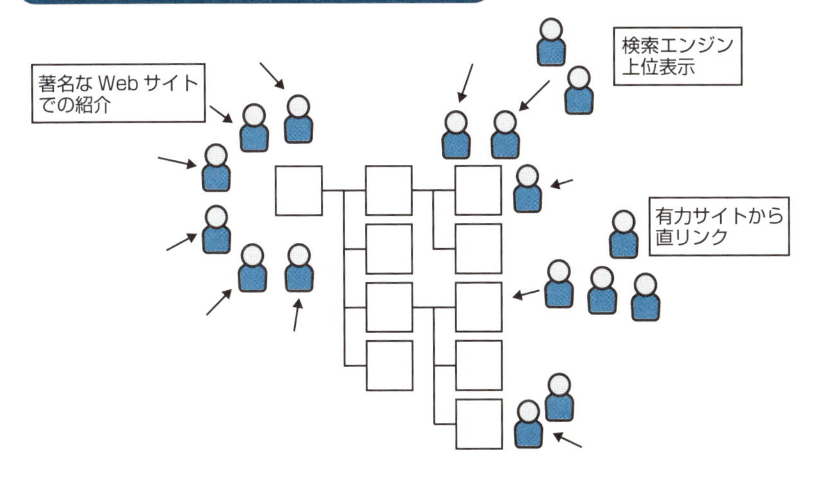

セッションあたりのPVが少ないケース

一回のセッションあたりのページビュー数（PV）がどれくらいあるかも、確認すべき重要な数値です。

Webサイトの内容にもよりますが、訪問してくれたユーザーにはある程度のページ数を見てもらえたほうが望ましいでしょう。たくさんのページを見たということは、それだけユーザーが興味や関心を持ったということです。エンゲージメントと呼ばれる、ユーザーと企業との関係や結び付きを高められているものと期待できます。

そもそも直帰率が高いWebサイトでは、PVが少なくなります。直帰率を下げることで、セッションあたりのPVは大きく変わります。また、ユーザーが見ているページに関連する情報へのリンクをわかりやすく提示する工夫などにより、Webサイト内での回遊性を高めることも効果があります。

ただし、Webサイトのつくりが悪くユーザーを迷わせた結果、セッションあたりのPVが多くなっている場合もあります。アクセスログからユーザー行動を読み取り、それに該当しているようであれば、正しい道筋をユーザーが迷わずに進めるようにWebサイトの改修が必要です。

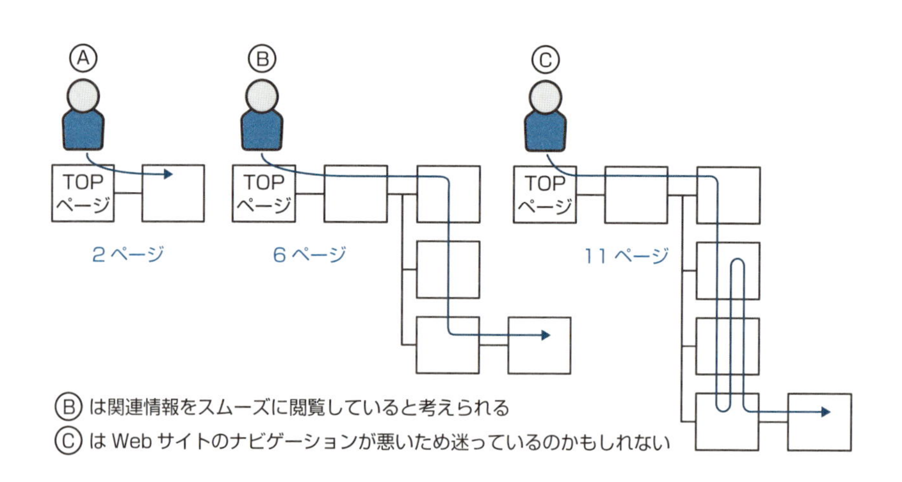

想定シナリオと比較する

自社のWebサイトをユーザーがどのように使うか想定した内容を、想定シナリオ、あるいは想定ユーザー行動シナリオといいます。

ユーザーがそのとおりにページを遷移していれば問題ありませんが、実際には想定どおりにいかないことも少なくありません。アクセスログを見れば、ユーザーのページ遷移がわかりますので、想定シナリオと異なる部分を見つけていきます。

想定シナリオからどこで外れてしまったのか、その理由は何かを推察し、改善方法の仮説を立て、改善につなげていきましょう。

想定したシナリオと実際の行動との違いを見る

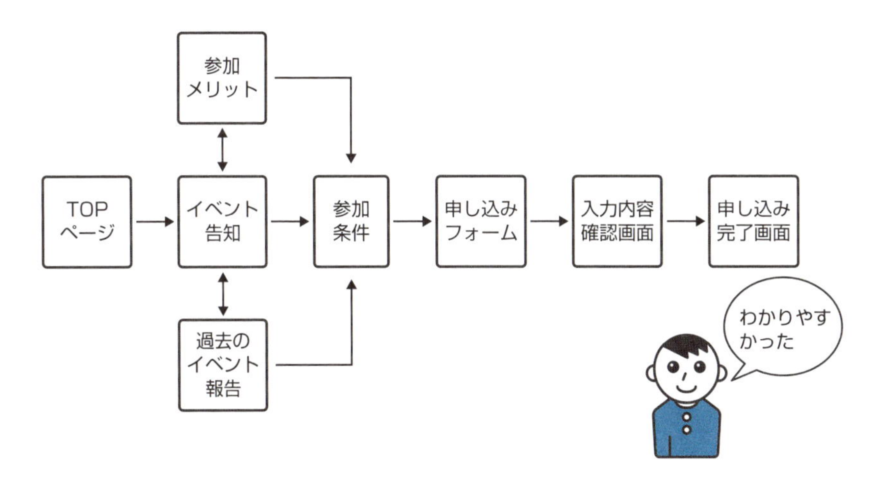

まとめ

- ユーザーの行動を把握する
- ユーザーに人気のあるページを知り活用する
- セッションあたりのPVを増やす
- 想定シナリオとの差異に注目する

競合のWebサイトを調査しよう

競合サイトに学ぶこと

どんな会社も事業で成果を得るためのさまざまな努力と創意工夫をしています。しなければ淘汰されていくからです。

孫子の兵法の中に「彼を知り己を知れば百戦してあやうからず」という有名な言葉があります。「敵のことを理解し、自分たちのことを理解していれば、100回戦ったとしても負けることはない」という意味です。

孫子の「彼を知り」は、敵軍のことを指しています。現代のWebサイト運営においても、P.31で説明した「3C」のとおり、顧客とともに競合のことを理解するのは大切です。

前項までは自社のWebサイトと顧客についての分析を見てきました。ここからは、自社サイトと競合サイトについて考えていきます。競合サイトを分析して、優れているところや弱みはどこかを知り、そして学ぶべきところは学び、自社サイトの改善につなげていきましょう。

そもそも競合はどこにいるのか

競合サイトの調査は、そもそも競合サイトがどれなのかを見つけるところから始めます。実店舗どうしなら同じ商圏内で同じ商品を扱っている店舗が競合になりますが、Webサイトの場合は日本全国、場合によっては世界中に競合が存在します。

競合サイトを見つけるために、まずは自分たちのWebサイトに訪れるユーザーが検索するであろうキーワードで検索します。検索結果に出てきたWebサイトの中で、商品やサービス、機能、値段などの条件が重なってくるところが競合になります。もちろん、そのキーワードに広告を出稿している会社も競合です。1つのキーワードだけでは検索されるWebサイトに偏りがありますので、ユーザーが検索しそうなキーワードを一通り検索してみましょう。

また、自分1人だけで探すのではなく、ほかの社員に競合だと思うWebサイトを聞いてみるのもよいでしょう。自分では競合として意識していなかったWebサイトでも、ほかの人には競合に見えることもあります。

現実の世界では競合が
目に見えてわかりやすい

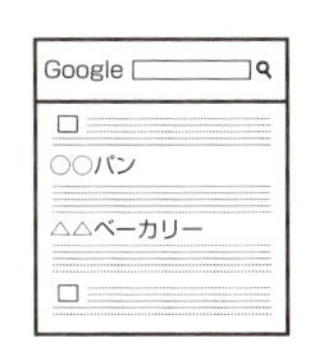

インターネットの世界では、検索の結果表示されるWebサイトが競合になる

検索結果の表示画面から調査する

競合サイトの目星が付いたら、そのWebサイトを調べるために次に行うのは、やはり検索です。競合サイトを探す過程ですでに検索しているわけですが、あらためてもう一度検索します。

そして、

- 競合サイトの検索順位は何位か？
- 広告を出稿しているなら、ほかにはどんなキーワードで出稿しているのか？
- サイト名の付け方や紹介文、広告文の内容は？
- クリックしたくなるようなコピーか？

といったポイントを見ていきます。

前後に表示されているWebサイトとも比較します。自分であれば、どのWebサイトから見たいかも考えてみましょう。

次に、それらの広告やオーガニック検索結果をクリックして、競合サイトにいきます。実際には何度も見たことがあるWebサイトかもしれません。しかし、できる限り先入観を捨てて、初めて訪れたユーザーの気持ちになりきって見てください。

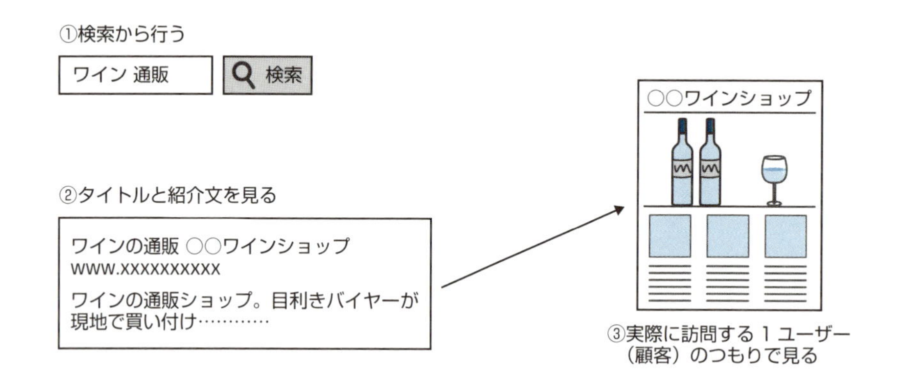

競合のWebサイトを調査する

競合のWebサイトでどんなところを見ればよいのか、押さえておきましょう。最初に見るべきは、トップページです。広告用のランディングページにたどり着いた場合にも、そことは別に通常のトップページの評価をしておきましょう。

「洗練されている」「誠実な感じがする」「安っぽい感じがする」「古臭く感じる」「丁寧な感じがする」「胡散臭さを感じる」など、第一印象は大切です。また、そこが「何のWebサイトで、何ができるか」がトップページでわかるようになっているかも見ます。

もし競合が通販サイトなら、そのWebサイト内でいずれかの商品を選び、購入するつもりで使いましょう。買い物を進めていく中で、買い物に必要な情報をかんたんに得られるか、わかりづらいことや心配になることはないか、スムーズに買えそうかといった視点で使っていきましょう。

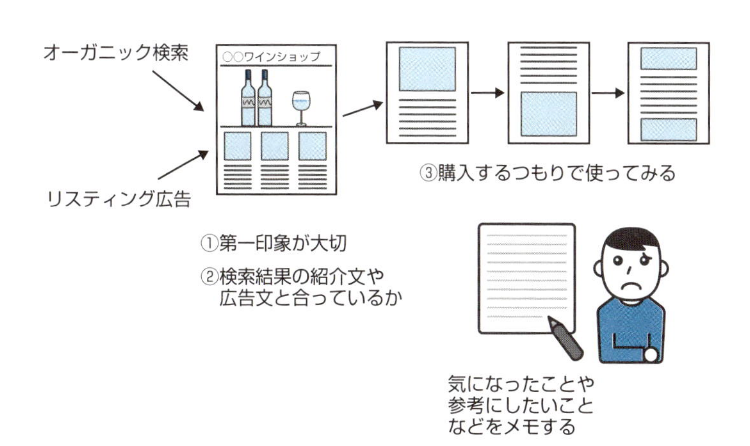

競合のWebサイトで商品を注文する

競合が通販サイトの場合、前項では「購入するつもりで使う」と説明しましたが、可能であれば実際の注文までしてみましょう。

自社の名前を出したくない場合には、個人の名前や住所で注文します。その場合も、注文後にどんな注文受付メールがくるのか、その後のやりとりはどんなことをするのか、レスポンスのスピードはどうかなどをしっかり見ましょう。できれば何らかの質問を投げかけて、その対応も見たいところです。

商品の届くまでの期間、商品の梱包状態、同封されている帳票類、それらの記載内容のわかりやすさ、また、販促チラシなどが入っていればそれにどんな工夫がしてあるのかなど、見るべき点はたくさんあります。

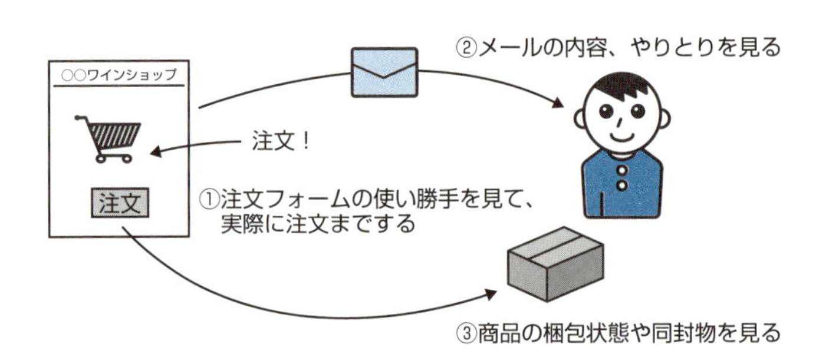

競合のWebサイト、商品との比較表を作成する

競合サイトの分析は、自社のWebサイトとの比較ができて初めて有効に使えるようになります。そこで、競合サイトの調査を終えたら、結果を表にしておきましょう。

比較すべき項目としては、有効だと思われるキーワードで検索したときの順位、検索結果に表示される紹介文、トップページに表示されているコンテンツ、第一階層のカテゴリーなどがあります。

商品やサービスについての比較も表にします。扱っている商品の点数やスペック、価格のほか、注文のしやすさ、発送方法や支払い方法の種類、受注から発送までの時間などが比較項目として挙げられます。

	自社サイト	競合A	競合B
○○ワードのサイト順位	8	1	7
商品の点数	120点	480点	200点
注文のしやすさ	○	◎	△
配送方法	宅配便	宅配便、郵便	宅配便
支払い方法	クレジット	クレジット、代引き	クレジット
注文から到着までの日数	3日	2日	3日

まとめ

- 競合サイトに積極的に学ぶ
- 競合の探し方を知る
- 競合サイトの調査も検索から始める
- 競合サイトのどこに注意して見るかを知る
- 競合サイトで実際に商品を注文する
- 他社との比較、優劣を一覧表にする

SECTION 08

A/Bテストとユーザーテストをやってみよう

A/Bテストとは

A/Bテストとは、複数ある選択肢の中でどれがもっとも効果的であるかを判断するためのテストです。Webサイトにおいての A/B テストは、リニューアルの際にデザイン A とデザイン B を作成し、どちらが成果を上げられるかを比較するといった場合に使われます。ページデザインだけでなく、バナーのようなパーツや、キャッチコピーのような文言のテストなどに使われることもあります。

テストの目的は最終的なコンバージョン率の向上である場合が多いですが、まずはクリック率を向上させることを目指して実施してみましょう。

A/Bテストといっても、AとBの2パターンだけに限らず、CやDのパターンまで作ってテストしても構いません。ただし、あまり多くのパターンをテストしても、差異が発生した要因を見つけづらくなってしまいます。2パターンを基本として、多くても5パターン程度までにとどめたほうがよいでしょう。

A/Bテストはさまざまな場面で行われる

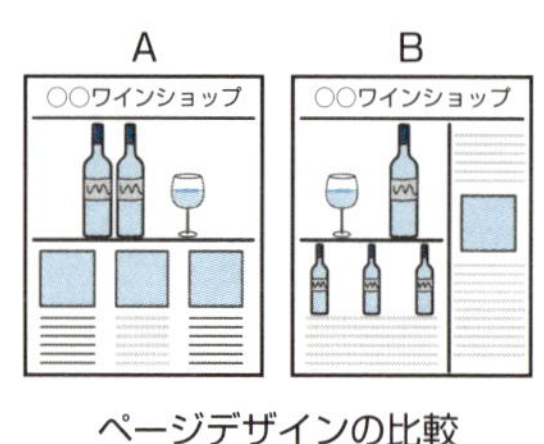

ページデザインの比較

A お問い合わせ

B お問い合わせ

バナーの比較

A 全品 10% OFF！

B 10人に1人は無料！

コピーの比較

A/Bテストを実施する

かんたんにA/Bテストを実施できるサービスを提供している会社もありますが、ここではA/Bテストを包括的に理解するためにも、自社で行う前提で説明します。

テストの実施にあたり、比較するAとB、あるいはC、Dといった、いくつかのパターンを用意します。注意点として、それぞれのパターンが明らかに違っていることが重要です。

「複数のキャッチコピーを比較する」「値引きの訴求を、値引き額と値引率で比較する」「入力項目を増やす、もしくは減らす」「ボタンの色を赤と青で比較する」といったケースであれば、違いがわかりやすいです。しかし、文言を一部変えた程度の変化で比較しようとしても、何がよかったのか、悪かったのかがわかりにくくなってしまいます。

そして、用意したいくつかのパターンを一定期間公開し、反応を見ることになります。その際、公開している期間の条件をできるだけ揃えることが大切です。曜日や時間帯によって、ユーザーの動向が変わることも考えられるからです。同じ条件下でランダムに表示させるのが理想ですが、難しい場合は、時間や曜日、対象によっては天気などの条件を揃えて、一定期間ずつ表示させましょう。

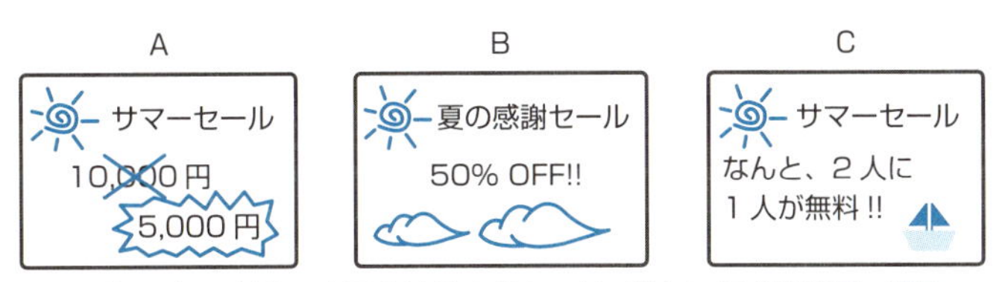

ランダムに切り替えて表示させるのがよいが、難しい場合は時間・曜日・天気などの条件を揃えて、それぞれ一定期間表示させる

ユーザーテストとは

ユーザーテストとは、そのWebサイトを使うと考えられる人に実際に使ってもらい、課題を見つけるために実施するテストです。その多くは、Webサイトの使い勝手についての課題発見を目的として行いますので、ユーザビリティテストとも呼ばれます。

テストのおおまかな流れとしては、あらかじめ用意したタスクを被験者（Webサイトを使う人）が実際に行い、できたかどうか、あるいは、どれくらいの時間がかかったか、どのようにページを遷移したか、どこでつまずいたかなどを見ていきます。

たとえば通販サイトであれば、商品を探し、実際に購入するといったタスクを実行します。1人につき、多くても5タスクくらいまでにしておくのがよいでしょう。

被験者は、通常3人から5人程度で実施します。人数を多くすれば発見できる課題も増えますが、大きな問題があれば、みんなそこでつまずくため、被験者の数と発見される課題とは正比例しません。8人程度で実施すれば、大きな問題はほぼ見つけられるとされています。

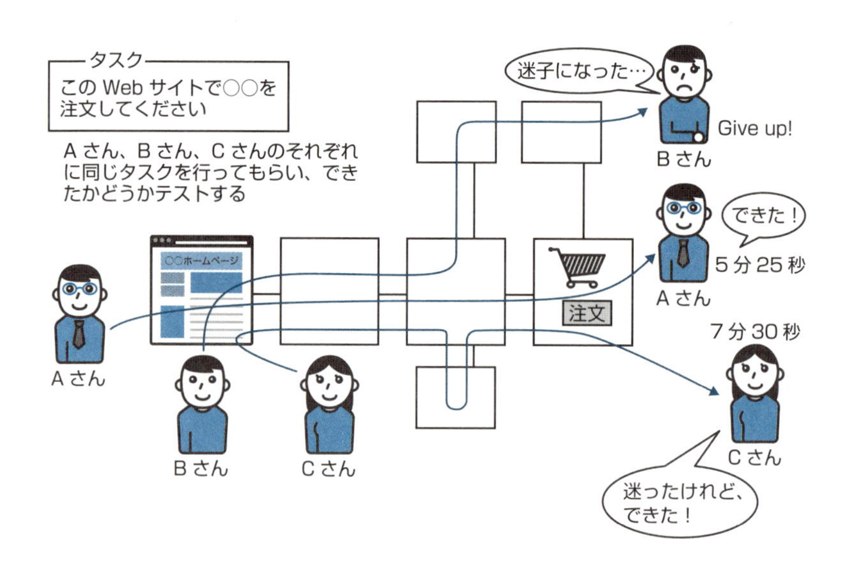

ユーザーテストを実施する

ユーザーテストは被験者に実際にWebサイトを使ってもらい、その様子を観察する形で行います。観察者は、タイマーで時間を計りつつ、被験者がとった行動をメモしていきます。

テストの際は、被験者にできるだけ声に出してもらいながら行うと、どんなことに迷いながらタスクを実施しているのかがわかりやすいです。

ユーザーテストを終了したあとに、被験者とともに行動を見直し、どの場面でどのようなことを考えていたかを聞きます。被験者がつまずいたり、迷ったりした場面には課題がありますので、どのように改善していけばよいかを考えましょう。

4

Webサイトを分析しよう

まとめ

- A/Bテストとは何かを知る
- A/Bテストの実施方法を知る
- ユーザーテストとは何かを知る
- ユーザーテストの実施方法を知る

COLUMN

数字で示された事実に想像力を働かせること

Web サイト担当者の仕事に限らず、すべての仕事において大切なことは、ものごとをロジカル（論理的）に考えるということです。その前提として、「事象」と「要因」を冷静に見極める目が必要です。
第1章で説明した「手段」と「目的」のように、「事象」と「要因」も混同しがちなところです。たとえば、「寝坊して遅刻した」という事象が発生した場合、「気が緩んでいたからだ。これから気を付けよう」と思っても、再発する可能性は少なくないでしょう。この場合、「遅刻した」という事象の要因は、「寝坊した」ということにあります。大切なのは「寝坊した」という事象の要因を考えることです。「目覚まし時計が故障していた」「昨晩寝るのが遅かった」など、要因をしっかり見極めることこそが正しい対処につながります。
Web サイトで起きる事象の多くは、アクセスログなど数字で把握することができます。そこに示される数字は、実際に起きた紛れもない事実であり、「なぜその数字になったのか」を考えることが大切です。経験が少ないうちは要因の見当をつけることも難しいかもしれませんが、「仮説を立てて対策する」「その結果からまた要因を考える」というくり返しから、正しい要因分析ができるようになっていきます。

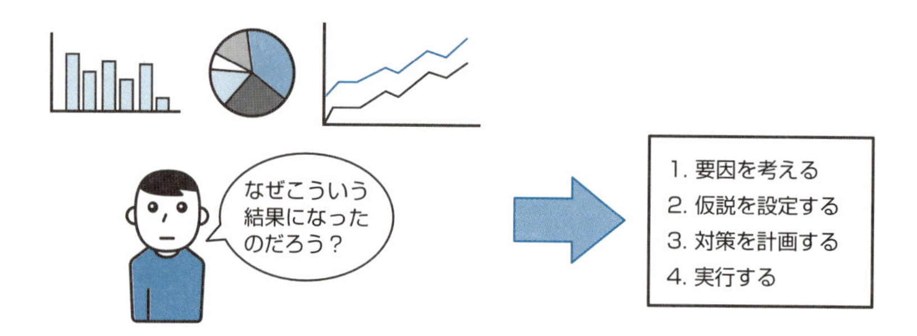

第 5 章

Webサイトを改善しよう

Web サイトは継続的に改善していくことが大切です。改善は、「わかりやすく」「使いやすく」「便利に」という 3 つの視点で行います。スマートフォンやタブレットへの対応も考えましょう。

SECTION 01

Webサイト改善の基本を知ろう

「なぜ？」が改善のスタートになる

「改善」とは文字どおり、よくない状態を改めて、よい状態にしていくことです。第4章の分析で、よくない状態、つまりWebサイトの問題点や課題を見つけてきました。その改善を行っていくために大切なのは、「なぜ、よくない状態になってしまったのか？」と疑問を持つ好奇心です。それをどうすればよくしていけるのかと考えられる力と、よくするためのノウハウを身につけましょう。

本章では、Webサイトをよくしていくための考え方と、実際の施策について説明していきます。ここで、しっかりと認識しておかなければならないのは、改善に終わりはないということです。Webサイトに完成というものはなく、また、完璧なWebサイト運営方法というのもありません。目標を達成したら、さらに高い目標を掲げて、改善をくり返していくことが大切です。

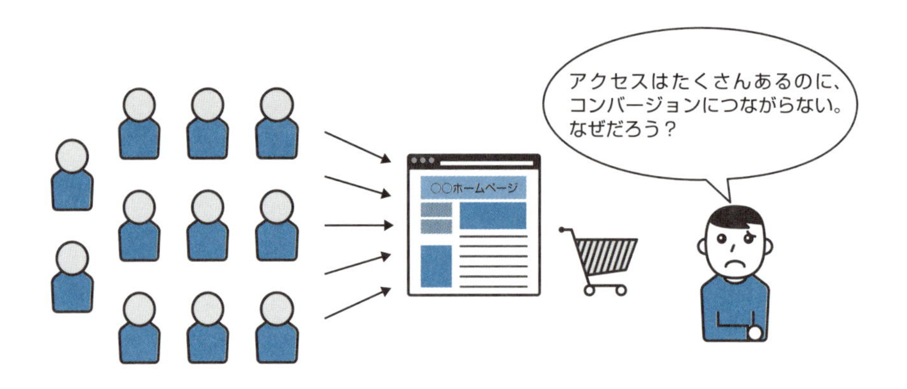

Webサイト改善のポイント

Webサイトの改善は、分析の結果、見えてきた課題を解決することになりますが、解決の手法はある程度決まっています。それは、「わかりやすくする」「使いやすくする」「便利にする」です。

「わかりやすくする」は、情報の紹介をユーザーに理解しやすい方法で行うことと、情報を適切な場所に掲載することです。なお、必要な情報が過不足なくあることが前提となります。

「使いやすくする」は、Webサイトにおいては主に、上手なナビゲーションのことだと考えましょう。次に進むべき行先と進み方がわかり、進んだ先のページがユーザーの思い描いていたものと違わないこと、そして、それらがスムーズで快適にできることが大切です。

「便利にする」は、ユーザーが手間を省けるようにすることです。アナログでは難しいデジタルならではの機能を使って、ユーザーがやらなければならないことを減らします。

もちろん、最終的なコンバージョンの対象である商品やサービスがユーザーにとって魅力のあるものでなければ、いくら改善したところでしかたありません。それを磨き上げていく努力は必要です。

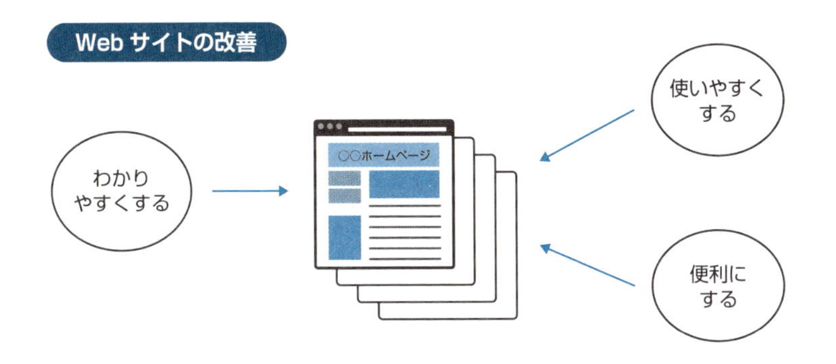

問い合わせやクレームからの改善

改善は、第4章で説明したような検証の結果に基づき、仮説を立てて行うのが基本です。一方で、ユーザーからの問い合わせやクレームをきっかけにして改善施策を実施することもあります。

実は後者のほうが、問題が顕在化しており、対処のしかたも想定しやすいものです。「わかりにくい」「使いづらい」「不具合がある」といった声が寄せられる場合、「なぜか」はともかく、「どこが」は明確になっていることが多いからです。

何よりも、問い合わせやクレームは運営者側が無理やり探したものではなく、実際のユーザーからの意見であるということが重要です。ユーザーからの問い合わせやクレームを受け付けることを嫌がる姿勢が感じられるWebサイトは少なくありません。それは、みすみす自分たちのWebサイトや商品、サービスをさらによくしていける機会を捨てるようなものです。まさに、顧客のクレームは宝の山なのです。

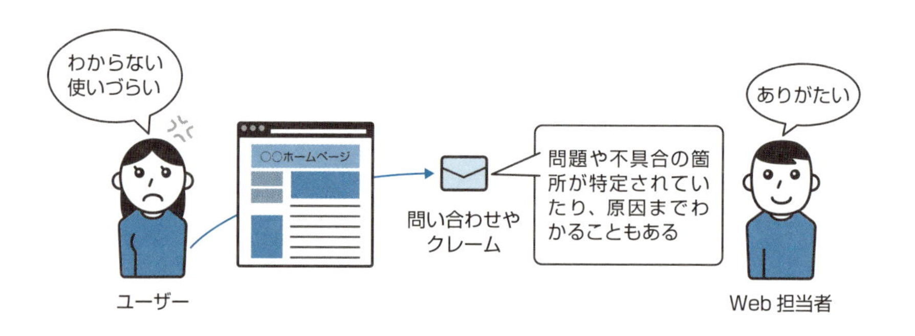

ユーザビリティを向上させる

ユーザビリティは「使い勝手」という意味合いで使われます。ISO（国際標準化機構）の規格では、「ある製品が、特定の利用状況、特定のユーザーによって、特定の目標を達成するために用いられる際の、有効さ（Effectiveness）、効率（Efficiency）、ユーザーの満足度（Satisfaction）の度合い」と定義されています。

Webサイトに当てはめると、次のようにいえます。

- 有効さ：ユーザーが確実に目的を達成することができる
- 効率：効率的に目的を達成することができる
- 満足度：不快感を持つことなく閲覧することができる

Webサイトの目的を達成するうえで、ユーザビリティは重要な要因です。

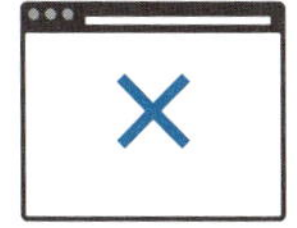

わかりづらい
使いづらい
不便
不満
成果が出ない

ユーザビリティが
高いWebサイト

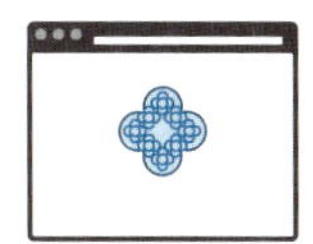

わかりやすい
使いやすい
便利
満足
成果が出る

まとめ

- 改善を具体的にどのように行うのかを知る
- 改善する際のポイントを知っておく
- 問い合わせやクレームを歓迎する
- ユーザビリティとは何かを知り、高める努力をする

SECTION 02

情報の見せ方が適切か考えよう

公開カテゴリーを適切に配置する

ユーザーにとってわかりやすいWebサイトとは、ユーザーが探している情報が「ここにあるだろう」と思う場所に確実にあるWebサイトです。

しかし、中には「なぜこの情報が、こんなカテゴリーに？」とびっくりするような場所にあるWebサイトもあります。

そうなってしまう要因は、情報整理がしっかりとなされない状態でWebサイトを制作していることや、明確なルールやガイドラインがないまま無秩序に追加更新作業がなされていることのいずれか、もしくは両方です。そのようなWebサイトでは、ページ数が多く、深い階層にまでページが追加され、管理者自身も把握できなくなっていることもあります。

あるべき場所にあるべき情報がないという状態は、一般的なユーザーにとっては存在しないに等しい状態といえます。

迷路のようなWebサイトができる理由

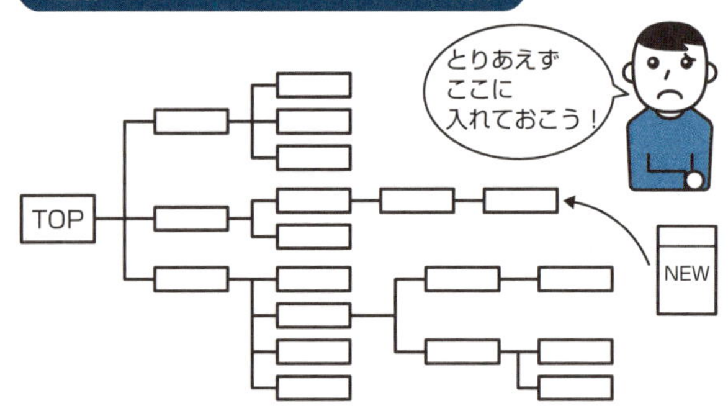

ユーザーがどこにいるのかわかるように工夫する

実在の店舗内では周囲の状況が見通せるうえに、自分の足で歩いているので、迷子になることはほとんどないでしょう。

しかし、Webサイトでは、クリックやタップといった指先のわずかな動きでページが移り変わっていくうえに、物理的に先を見通すことができません。そのため、自分が今いる場所の感覚が希薄になります。そのため、Webサイト内のどこにいるのかをわかりやすくする工夫を施すと、ユーザビリティが大きく向上します。

具体的には、ページの上部に設ける第一階層のカテゴリートップへのナビゲーションリンクである「グローバルナビゲーション」や、コンテンツの左袖もしくは右袖部分に設ける第2階層以下へのリンク「ローカルナビゲーション」などがあります。また、自分がたどってきた道やカテゴリー内の階層を常に明示する「パンくずリスト」という方法もあります。

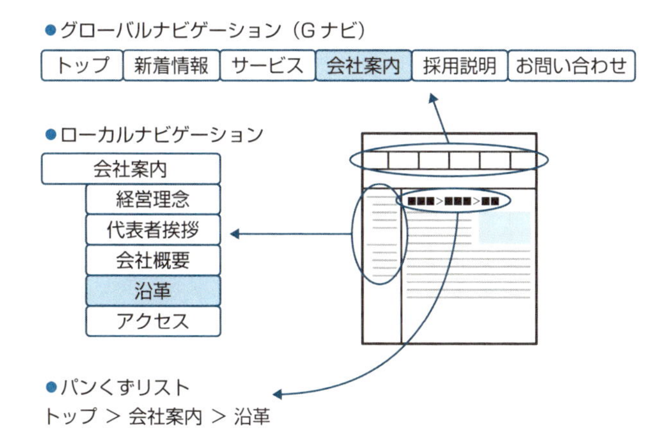

箇条書きや図で説明する

誰かに道を聞かれたとき、「まっすぐいってコンビニの角を右に曲がり、300メートルくらい進むとレストランがあるので、そこを左に曲がって……」といった具合に言葉で説明するのはたいへんです。このような場合、地図があれば、言葉だけの説明に比べてぐっとわかりやすくなります。

また、細かい数字が並んだ表よりも、グラフになっていれば一目瞭然で理解できます。

Webサイトでも同様に、長い文章での説明や数字の羅列は、読むのも理解するのも苦労します。文章だけではなく、要点を箇条書きでまとめる、図やイラスト、グラフで説明するなど、できる限りわかりやすい表現を心がけましょう。

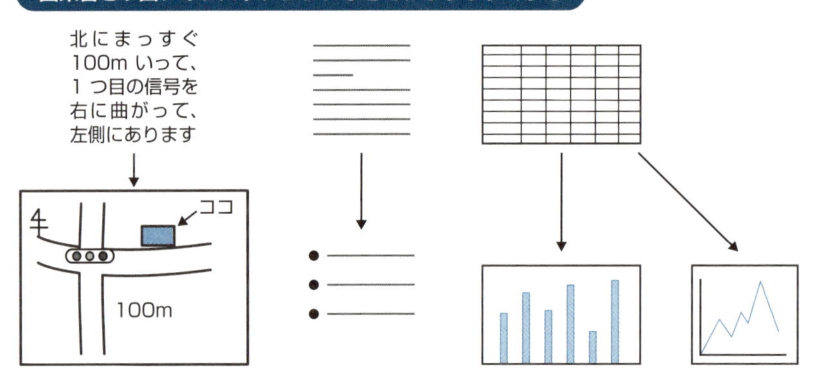

読まなくてもわかるように工夫する

文章のみに頼らず、ユーザーが内容を理解できるようにする方法の1つが、アイコンやピクトグラムの利用です。

アイコンとは、対象の意味や機能、用途を、絵や形、記号などで表したものです。ピクトグラムは、絵文字や絵言葉といわれるもので、緑色の非常口サインやトイレに表示された男女のマークなどが代表例として挙げられます。

たとえば、トイレのマークなら、「男」「女」の言葉が添えられていなくても、男女をかたどったマークと青と赤の色分けで、ほとんどの人が意味を理解できます。アイコンやピクトグラムを上手に利用すれば、言葉を使わなくても、あるいは言葉を使う以上にわかりやすく意味を伝えることができますので、積極的に活用しましょう。

アイコンやピクトグラムを活用しよう

TOP ページ

戻る

進む

ページ上部へ

検索

印刷

メール

拡大

縮小

閉じる

もとに戻す

くり返す

ヘルプ

まとめ

- 公開すべきカテゴリーを間違えないようにする
- Webサイト内のどこにいるのかわかるように工夫する
- 箇条書きや図の利用でわかりやすくする
- アイコンやピクトグラムを活用する

SECTION 03

情報が十分か再確認しよう

必要な情報を多く掲載する

自分では必要な情報をすべて掲載したと思っていても、実際にはユーザーが求めている情報が欠けている場合があります。自分が思い付く情報には限りがあるからです。

たとえば、家具を販売するWebサイトで、机の商品情報として、机の高さ、幅、奥行き、重量、素材などの一般的なスペックを掲載したとします。多くの人はそれらの情報で十分でしょう。しかし、引き出しに入れたいものが決まっているので「引き出しの内寸を知りたい」という人もいるかもしれません。また、シックハウス症候群が心配で「使っている塗料を知りたい」という人がいることも考えられます。知りたい情報がない場合、わざわざ聞くのも手間だと考えて購入を見送ってしまう人もいるでしょう。

自分の想像力をふくらませるとともに、周りの人にもどんな情報がほしいかなどを聞いて、できる限り多くの情報を掲載するようにしましょう。

机の引き出しの内寸を知りたいユーザーもいる

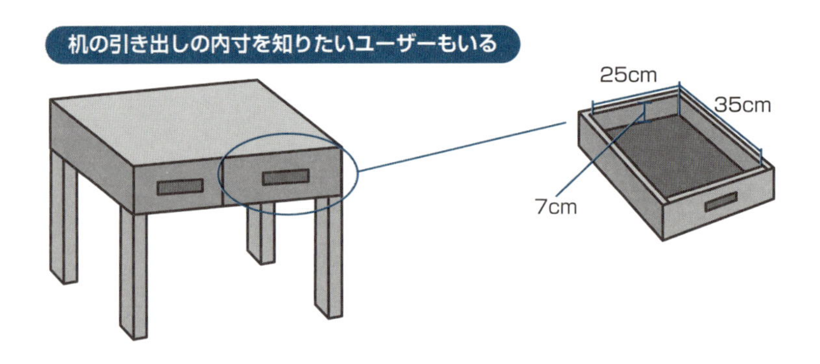

安心につながる運営者情報の開示

Webサイトだけを見て、その店や会社の実態を正確に把握することはできません。本当は営業実態のない会社なのに、Webサイト上では歴史ある大企業のように装うことも可能です。そのため、Webサイト運営者の情報はできるだけ詳細に掲載すべきです。

運営会社名、代表者名、担当者名、住所、電話番号、メールアドレス、地図、問い合わせフォームへのリンクなどは、最低限必要な項目です。しかし、このような必須項目さえも公開していないWebサイトが少なくありません。多くのユーザーはそのようなWebサイトおよび運営者を信用しません。反対に、それらをしっかりと公開するWebサイトは「何があっても、しっかりと責任を持って対応します」という決意を表しているWebサイトであり、ユーザーからの信頼も得やすいでしょう。

また、必須項目に加えて、代表者の挨拶、経営理念や大切にしている志、社内の様子の公開、企業文化の明示などをすることによって、ユーザーの信用は高まっていきます。

同じ商品を買うのなら「誰から買うか」は、大切な選択です。選ばれるWebサイトにしましょう。

Q&Aでユーザーの疑問に答える

Q&A（Question and Answer）やFAQ（frequently asked questions）、日本語なら「よくある質問」などのサポートページは、地味な印象もありますが、実はユーザーの疑問を解決する大切なコンテンツです。

前述したように、運営者側としては必要な情報をすべてWebサイトに掲載したつもりでも、多種多様なユーザーの求める情報を網羅できるとは限りません。そこで、Q&Aのようなコンテンツが重要となります。

Q&AとFAQの意味合いは若干異なります。Q&A（質問と答え）には、ユーザーが疑問に感じるであろうと考えられることを、その答えとともに掲載します。FAQ（よく尋ねられる質問）には、実際に質問されることの多い質問とその答えを掲載します。どちらも随時、追加や更新をしていくべきもので、数が増えてくればジャンル分けをするなど、わかりやすく整理する必要があります。

なお、FAQに関しては、単にWebサイト上の案内がわかりにくいために何度も質問されている可能性もあります。Webサイトを改善することで質問を減らすことができないか、あわせて見直すようにしましょう。

Q&AやFAQの扱い

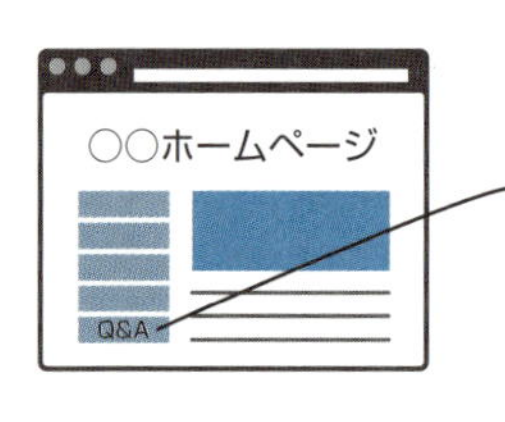

- 地味だが大切なコンテンツ
- 随時追加や更新をしていく
- Webサイトの改善で質問を減らせないか検討する
- 数が増えたらジャンル分けする

ユーザーのコメントを掲載する

Webサイトに掲載されている情報は、運営者に都合のよい内容や書き方をしているのではないかと思われがちです。そこで、ユーザー側の評価がわかる情報として、ユーザーからのコメントを掲載するという方法があります。ほかのユーザーがどのような評価をしているのかは、ユーザーにとって参考になります。

たとえ辛辣なコメントやクレームであったとしても、それらは運営者にとっても貴重な意見であることも多いものです。また、それらのコメントに対する運営者の回答もあわせて掲載することで、逆にユーザーの信頼を得られることもあります。

お客さまの声

すばやい対応で
助かりました

丁寧な対応でした

もう少し安くしてもらえると
うれしいです

- 売り手側の言葉だけでなく顧客の声が聞けるのは、ユーザーにとってありがたい
- 辛辣な意見やクレームもあえて載せる

まとめ

- 必要だと考えられる情報をできる限り掲載する
- 運営者の情報をしっかりと掲載する
- Q&AやFAQのしくみを取り入れ、顧客の疑問を解消する
- リアルな評価がわかる情報として、ユーザーコメントを入れる

SECTION 04

Webサイトを使いやすくする工夫をしよう

Webサイト内の回遊性を高める

Webサイト内の回遊とは、ユーザーがWebサイトの中を見て回ることです。回遊性の高いWebサイトは直帰率が低く、ページビューが増えます。訪れたユーザーがたくさんのページを見たということは、そのWebサイトが有用であると感じたからであり、再訪してもらえる可能性も高くなります。

回遊性を高めるためには、そのページを見ているユーザーが興味を持ちそうなページへのリンクを、わかりやすく紹介することが必要です。そのページのコンテンツに関連する情報や類似情報へのリンクを用意する、コンテンツをシリーズ化するなどの方法があります。

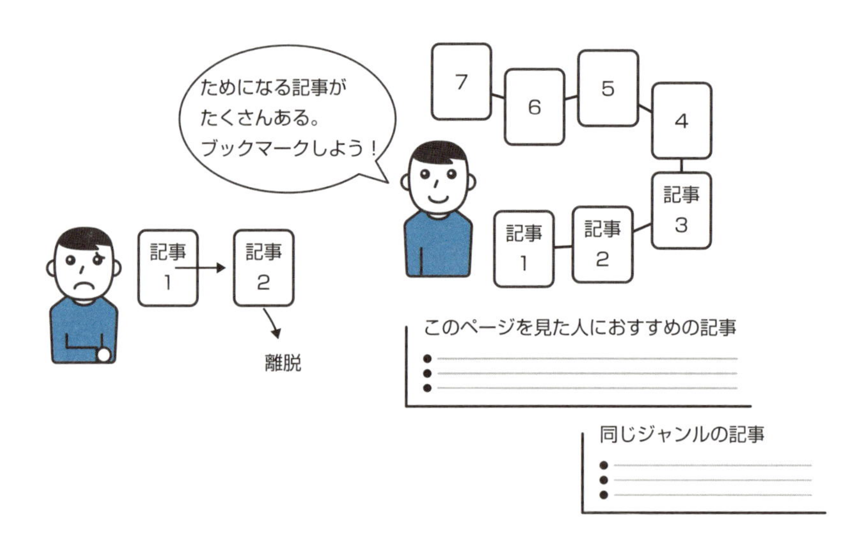

Webサイトの表示速度を向上させる

昔に比べて通信環境が格段によくなった現在は、Web サイトの表示速度に対する意識が以前ほど高くないようです。しかし、現在においても、Web サイトの表示速度を上げるための努力はすべきです。

高速通信に慣れたユーザーは、表示の速さに対する潜在的な期待が昔よりも高くなっているからです。速くてあたりまえ、少しでも遅ければ不満を感じるといった具合です。また、高速通信といっても接続する場所や環境、状況によっては通信のスピードが落ちることもあります。そのようなときに、表示速度が遅い Web サイトは表示を終える前に閉じられてしまう可能性が高くなります。

表示速度を上げるためには、画像データを圧縮して軽くするなどの工夫で、ページのデータ量を減らすのが王道です。そのほかにも、サーバーを見直す方法や、全データを受信してから表示するのではなく、ページ上部から少しずつ五月雨式に表示するようにコーディングのしかたを変えて、遅さを感じさせないようにする方法もあります。

並べ替えや絞り込み機能を付ける

商品や情報が大量にあると、目的の情報や商品にたどり着くのに手間がかかります。そのため、通常は商品の小さい画像を一覧で並べたページを表示します。親指（thumb）の爪（nail）のように小さい画像であることからサムネイル（thumbnail）表示と呼ばれ、1ページにたくさんの画像を表示できるので一覧性に優れています。

しかし、1ページにあまりにも大量に画像を掲載するのも表示速度や見やすさの面で問題があります。そこで、1ページあたりの表示数を決めておき、それを超えた分については2ページ目、3ページ目と分けて表示させる方法があります。そのためには、ページャーあるいはページネーションと呼ばれるページ送りのしくみを付けます。

さらに、何らかの条件で並べ替えや絞り込みができる機能を付けると、求めている情報や商品が格段に探しやすくなります。たとえば、並べ替えでは「値段の高い順／安い順」「発売日や掲載日の新しい順／古い順」「評価の高い順／低い順」などがよく使われています。また、絞り込みの例としては「価格（1,000円～3,000円など）」「期間（○月○日～○月○日など）」「地域」「カテゴリー」「メーカー」「ブランド」などがあります。

並べ替えや絞り込み機能を付けると選びやすくなる

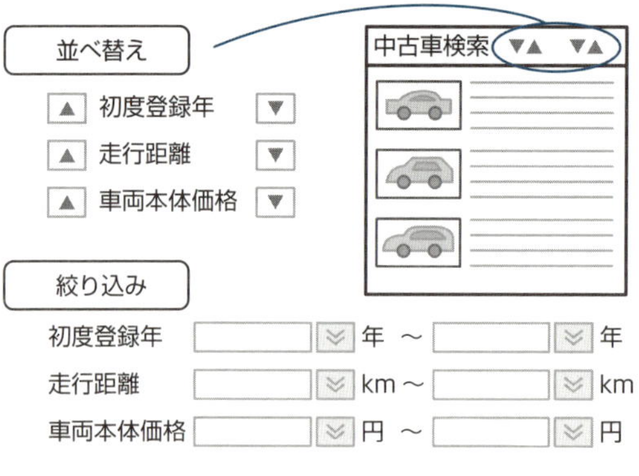

並べ替え
▲ 初度登録年 ▼
▲ 走行距離 ▼
▲ 車両本体価格 ▼

中古車検索 ▼▲ ▼▲

絞り込み
初度登録年 年 ～ 年
走行距離 km ～ km
車両本体価格 円 ～ 円

フォームや買い物カゴを見直す

問い合わせ、申し込みなどのフォームや買い物カゴのシステムは、コンバージョンのゴール手前の重要な役割を担っています。しかし、ここで離脱してしまうユーザーも少なくありません。

アクセスログを見て「せっかく買い物カゴに入れてくれたのに、なぜ届け先の住所入力のページでやめてしまったのだろう……」と残念な思いをすることがあります。それには、さまざまな要因が考えられますが、こうした要因を推察し、フォームや買い物カゴを最適な状態に改善することを、EFO（Entry Form Optimization）といいます。具体的な方法としては、購入プロセスのどの段階にいるのかの案内表示や、入力項目の最小化、選択方式の採用、郵便番号から住所を自動入力する入力支援機能の利用などがあります。

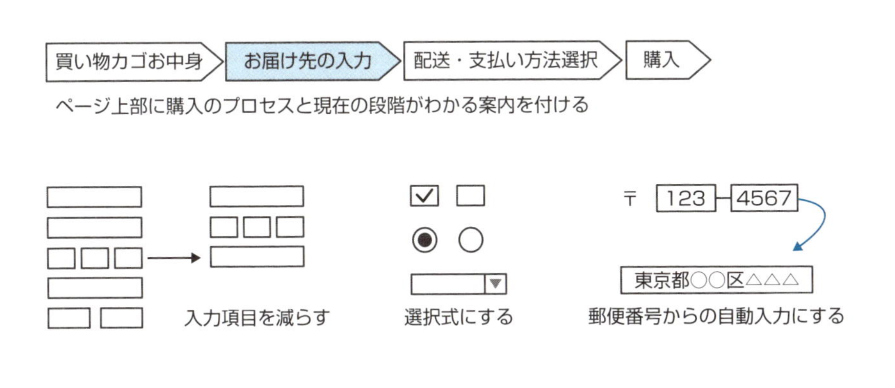

まとめ

- 関連情報などへの上手な誘導で回遊性を高める
- Webサイトの表示を高速化する
- 並べ替えや絞り込み機能でWebサイトを使いやすくする
- フォームや買い物カゴをわかりやすく、使いやすくする

便利な機能を追加しよう

サイト内検索機能を追加する

数百～数千ページあるようなWebサイトでは、目的の情報や商品が掲載されているページにたどり着くのもたいへんです。このような大規模サイトで便利なのが、Webサイト内にあるページだけを対象にしたサイト内検索の機能です。

多くのユーザーは、ふだんから検索エンジンを利用しています。そのため、個別のWebサイトにおいても検索ボックスにキーワードを入れて検索するという行為にほとんど抵抗を感じることはないでしょう。

サイト内検索のしくみは、さまざまな会社から提供されていますが、高性能で無料で使える製品として、「Google Site Search」があります。Webサイト内に特定のタグを入れるなど導入作業もかんたんで、すぐ利用できるようになります。無料版では広告が表示されますが、有料版では表示されません。

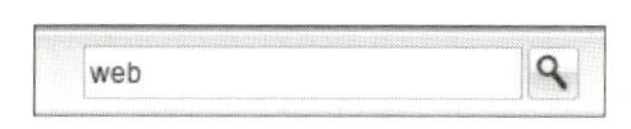

Webサイトに設置された検索ボックスにキーワードを入力して検索すると、該当するWebサイト内のページが検索結果に表示される
※検索結果は株式会社アーティスのWebサイトより

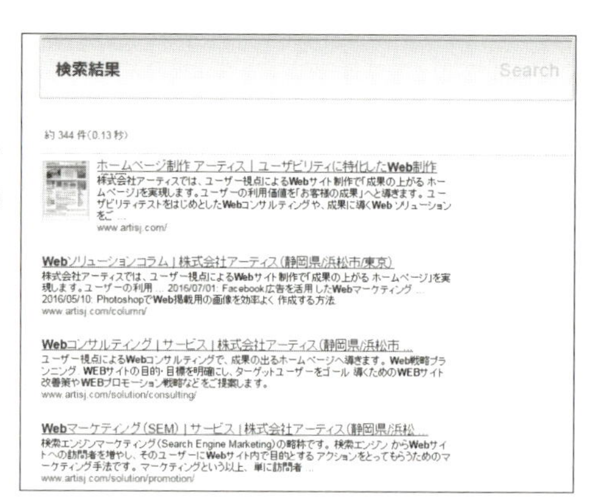

タグ機能を追加する

タグは、ブログなどでよく使われる手法です。投稿した記事の種類やジャンル、主となるキーワードごとに、タグと呼ばれる印を付けておきます。たとえば、趣味のブログで旅行の記事には「旅行」、車に関する記事には「車」、キャンプにいった記事には「キャンプ」「アウトドア」などのタグを付けます。そうしておくと、見たいジャンルのタグをクリックすることで、たくさんの記事の中からそのジャンルの記事だけを一覧にして見ることができます。

同じタグが付いていても、階層構造の同じカテゴリーの下に記事が収められているわけではありません。1つのタグをキーにして、カテゴリーをまたいで記事をグループ化できます。

このタグのしくみを使えば、たとえば通販サイトなら、たくさんの商品を通常の商品カテゴリー別だけでなく、ブランドごと、デザイナーごと、材質ごと、製造国ごとにまとめて見られるなど、ユーザーにとって便利な機能を提供できます。

タグを付けておくと、同じジャンルの情報を見つけやすくなる

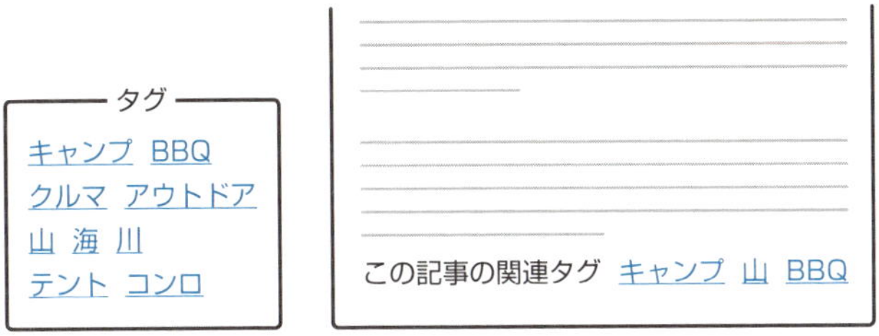

タグ
キャンプ BBQ
クルマ アウトドア
山 海 川
テント コンロ

この記事の関連タグ キャンプ 山 BBQ

レコメンド(おすすめ)機能を追加する

通販サイトで商品の詳細ページを見ていると、同じページの中に「あなたにおすすめの商品があります」「よく一緒に購入されている商品」「よく似た商品」「この商品を購入した人はこんな商品も購入しています」といった案内が表示されていることがあります。また、通販サイトに限らず記事ページの末尾などで「こんな記事も読まれています」といった表示も目にします。このように、何らかの商品や情報を紹介し、おすすめする機能を、レコメンド機能といいます。レコメンドとは「推薦する」「推奨する」という意味です。

レコメンド機能の多くは、あらかじめそれぞれの商品や情報について関連性の高い商品や情報をひも付けてデータベースに格納し、自動的に紹介しています。ユーザーの閲覧行動を記録して蓄積していくことで、さらに精度の高い推奨ができるようになります。また、そこまでシステム化せずに、手作業で関連する商品や情報を紹介することもできます。

ユーザーにとっても精度の高い紹介は有益なことが多いですが、一方で「おせっかい」「気味が悪い」と感じる人もいるでしょう。それを踏まえて、紹介のしかたには注意が必要です。

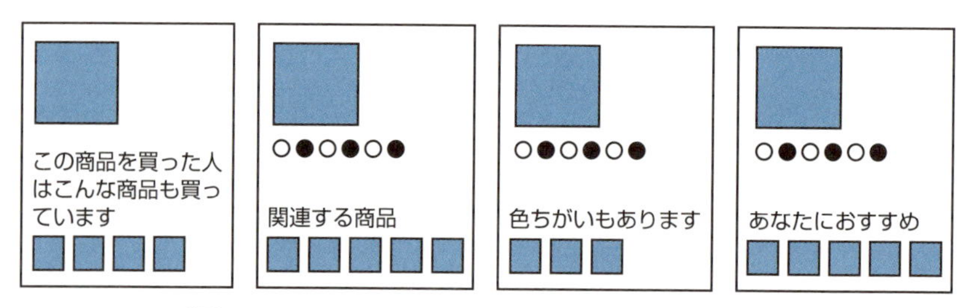

レコメンド機能を付けると、ユーザーの見落としを防ぎ、追加購入の可能性も増える

Webサイト全体をSSL化する

「便利な機能」とは少し違うかもしれませんが、Webサイト全体をSSL化することも考えてみましょう。SSL（Secure Sockets Layer）とは、インターネットで送受信する情報を暗号化するしくみです。SSLで暗号化されたページは、URLが「http://」から、「https://」に変わります。

近年ではセキュリティに対する意識の高まりもあり、金融機関や政党の公式サイトなどで、Webサイト全体を常時SSL化するケースが増えています。また、Googleは今後はSSL化されているWebサイトかどうかも検索エンジンの評価項目に加えるとしています。

ユーザーに与える安心感や検索エンジンの評価などを考えれば、十分検討に値するでしょう。

Webサイト全体をSSL化する

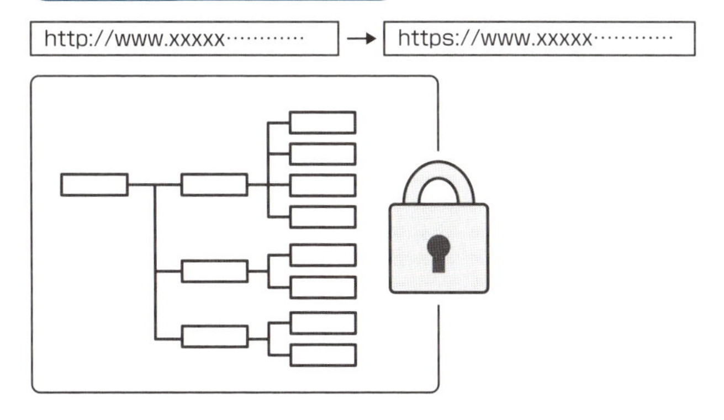

まとめ

- サイト内検索を付けて目的の商品や情報を探しやすくする
- タグ機能を導入し、同じジャンルの商品や情報を一覧で見られるようにする
- レコメンド機能を付加し、その人に合った商品や情報を提供する
- Webサイト全体をSSL化することでセキュリティを高める

SECTION 06

商品やサービスを見直そう

魅力のある商品やサービスになっているかを考える

ここまでWebサイトの改善について説明してきましたが、最終的な目的を達成するためには、Webサイトの改善だけでは不十分です。やはり、そこで扱っている商品やサービスそのものが決め手となります。

ここで、あらためて次のことを考えましょう。

- 自社の商品やサービスは、競合他社と比較して何が上回っているのか？
- 顧客の求めているものに完全に応えられているか？
- 時代や環境の変化、顧客の意識変化の中で、自社の商品やサービスは古びてきていないか？

商品やサービスも、時間がたてば古びていくものです。Webサイトと同様に、改善もしくはリニューアルしていくことが大切です。

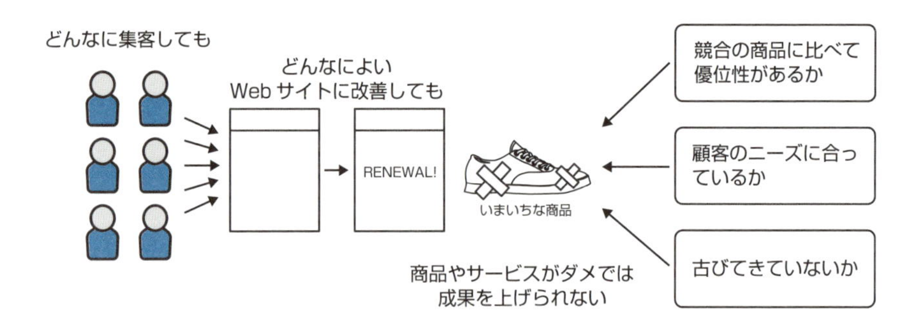

Webサイト外での対応品質も向上させる

商品やサービスの見直しとともに、Webサイト外での対応品質を上げることも考えましょう。つまり、問い合わせや注文などへの対応です。

Webサイトの改善やプロモーションのやり方を変えることに比べて、問い合わせや注文対応などは「今までの慣れたやり方が一番」と考えてしまいがちです。しかし、これらについても、Webサイトを改善してきたように、よりよいやり方へと変えていくべきです。

改善は、現状のルールや、やり方の検証から始めます。やりにくい部分や時間がかかっている部分、顧客の要望に応えられていない部分、顧客も気が付いていないが、導入すれば顧客の利便性を高められるであろう部分などを見つけ、具体的な改善方法を考えて試行錯誤しながら進めていきます。「もっと早い配送方法はないか」「もっと利便性の高い決済手段を導入したらどうか」「もっと丁寧に商品を保護できる梱包方法はないか」など、常に改善することを心がけましょう。そして、競合よりも優れた、顧客に支持される対応品質にしていきましょう。

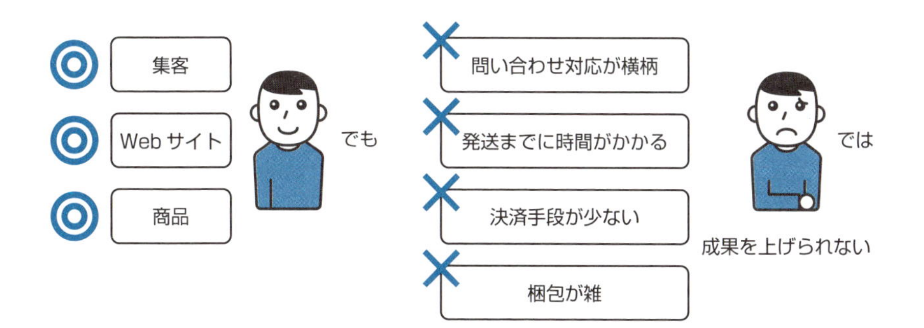

まとめ

- 商品やサービス自体も改善していく
- Webサイト外の対応品質を高め続ける

スマートフォンやタブレットに対応させよう

スマートフォンユーザーが飛躍的に増えている

Webサイトへアクセスするデバイス（機器）が、パソコンからスマートフォンへと移り変わってきています。すでにスマートフォンからのアクセスのほうが圧倒的に多いというWebサイトも少なくありません。

かつては、インターネットに接続できるのはパソコンだけでした。その後、携帯電話がネットに接続できるようになったものの、画面の小ささや通信速度の問題からできることが限られていました。スマートフォンも登場初期は同じような制約があり、現在のように使われるとは想像しにくい状況でした。しかし、高性能かつ高解像なスマートフォンへと急速に進化し、一方で通信環境の高速化も飛躍的に進んだことで、パソコンではなくスマートフォンでアクセスするという人が増えてきたのです。

そもそもモバイルでの利用はパソコンよりもスマートフォンのほうがはるかに使いやすいうえに、主婦や学生の間では「スマートフォンは持っているけれど、パソコンは持っていない」という人も珍しくない状況です。スマートフォンでのアクセスが多くなるのも当然といえるかもしれません。

スマートフォンでのアクセスがパソコンを上回っていく

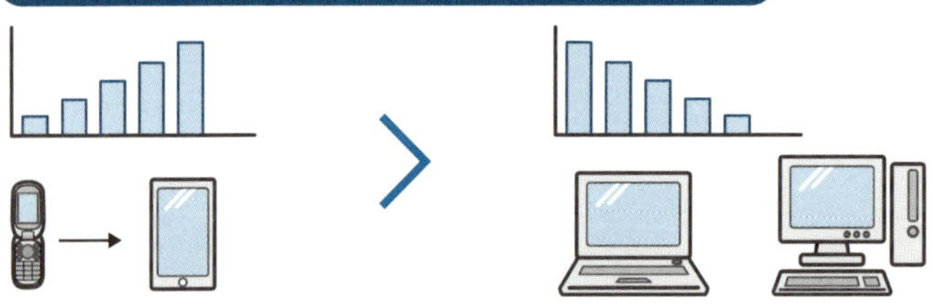

スマートフォンとパソコンの違い

スマートフォンでの高速通信が可能となり、実用上はパソコンと遜色ないようになってきた現在では、画面サイズと文字入力の制約くらいしか、スマートフォンがパソコンに及ばない点はないでしょう。

常に手元に置いておけること、外出先で手軽に使えること、デジカメやビデオカメラの代用にもなる撮影機能、キーボードやマウスを介さずに直接画面をタッチする直観的な操作性や音声入力機能など、スマートフォンのほうが使い勝手の面で上回っていることも多々あります。

Web サイトの表示という点で大きな違いは、パソコンが横長の画面であるのに対して、スマートフォンは縦長画面であることです。まったく同じレイアウトの Web サイトでは、パソコンとスマートフォンで見え方が異なってきます。スクロールの感覚もパソコンとは大きく異なり、スマートフォンでは下に長いページを閲覧する際もそれほど違和感を感じません。

ただし、画面の小ささゆえに、長い文章は読みづらいので、表示のさせ方には工夫が必要です。

現在のスマートフォンは、パソコンと遜色のない性能を持っている

スマートフォン

・画面小さい
・縦長画面
・持ち運びがラク
・文字入力は普通

パソコン

・画面大きい
・横長画面
・持ち運びが面倒
・文字入力しやすい

スマートフォンへの対応方法を考える

前項で説明したとおり、スマートフォンの画面はパソコンと違って縦長です。そのため、パソコンとは異なる、スマートフォンに適したレイアウトでWebサイトを制作する必要があります。

P.49で説明したように、パソコンとスマートフォンとでWebサイトのレイアウトを変えるには、それぞれ別にWebサイトを制作する方法もありますが、レスポンシブデザインで制作するという方法がよく使われています。レスポンシブデザインとは、表示する元データは1つでも、パソコンとスマートフォンそれぞれに合わせたレイアウトで表示させることのできるデザイン手法です。パソコンの大きな画面で表示するときはコンテンツの横にナビゲーションを配置し、スマートフォンの小さい画面ではナビゲーションを上もしくは下に移動するなど、デバイスに合わせて表示を最適化します。

もちろん、Webサイトを更新するときには1つの元データを修正するだけで、パソコン用とスマートフォン用どちらのページも更新されるので便利です。ただし、大切なのはどのようなレイアウトでの表示に変更するかの設計です。画面が小さく、操作方法も異なるスマートフォンでも快適に使える設計にしましょう。

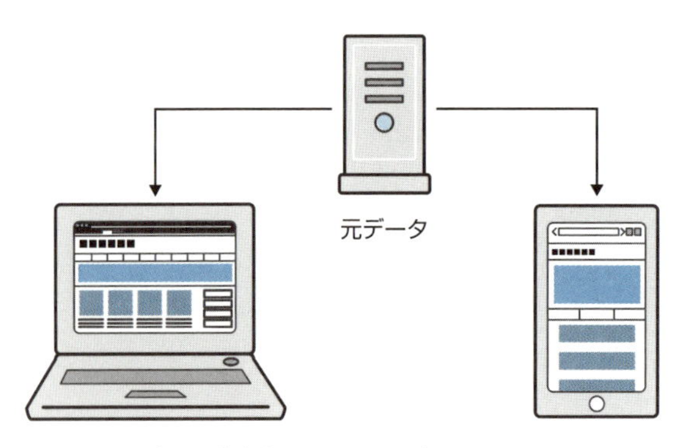

レスポンシブデザインなら、元データは1つでも
閲覧するデバイスに合った表示のさせ方ができる

タブレットへの対応方法を考える

スマートフォンと同様に、タブレット端末への対応も考える必要があります。

タブレットの画面サイズや解像度は、ノートパソコンと比べても遜色のない大きさ・高さです。一方、操作はスマートフォンと同様にタップなどの画面を直接操作する使い方が基本です。また、スマートフォンと同じく縦に持って使うこともありますが、タブレットは横の状態で使うことも多く、その場合は画面表示がパソコンに近い感覚になります。解像度の低いタブレットでなければ、縦使いでもパソコン向けの Web サイトが十分使えます。横使いにすればまったく問題ありません。

そこで、タブレット向けには、通常はパソコン向けサイトをそのまま利用するか、パソコン／スマートフォン向けのレスポンシブデザインで対応し、余裕があればタブレットに最適化した専用サイトを制作するというスタンスでよいと思います。

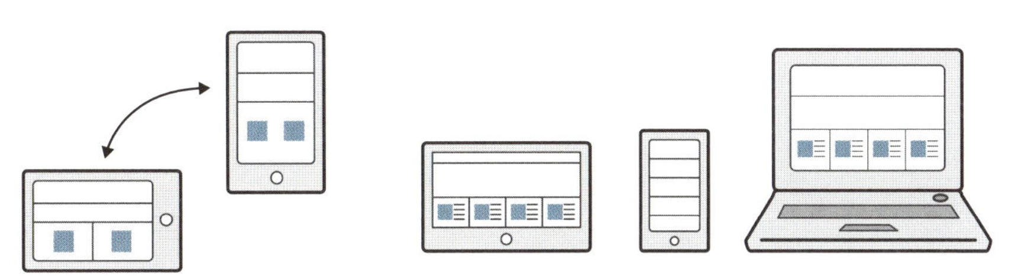

タブレット用の表示は基本的にパソコンと同様でよい
画面のサイズによってスマートフォン用の表示にする

まとめ

- パソコンよりもスマートフォンからのアクセスのほうが増えていく
- スマートフォンとパソコンの違いを知る
- スマートフォンへの対応方法を考える
- タブレット対応についての考え方を知る

COLUMN

改善を続けていくことの大切さ

「改善」という言葉を考えるときに思い出す人がいます。サム・ウォルトンというアメリカ人で、世界最大の小売業であるウォルマート（Walmart）の創業者です。
1962年にアーカンソー州で彼が開いたウォルマートは、その後驚異的な成長を遂げ、現在では売上高40兆円以上、従業員数200万人以上という規模になっています。筆者は20年近く前にウォルマートの本社を訪れたことがありますが、質素倹約を旨とする社風のとおり、これほどの大企業にもかかわらず、来客用のテーブルや椅子も場末の大衆食堂のようなテーブルとパイプ椅子だったのに驚かされました。
サム・ウォルトンの伝記を読むと、人生のすべてを仕事にかけた様子がよくわかります。その取り組み方の中でとくに印象的だったのが、「毎日何かを向上させようと考えながら起床していた」というところです。当時の従業員は、「彼はいつも仕事を改善する方法を探していた」と回想しています。
「改善」という言葉には、華やかさはありませんが、地道な力強さを感じます。もちろん、改善と思ってやったことがすべてよい結果を生むとも限らないでしょう。しかし、試行錯誤をくり返して、少しずつでも自分のWebサイトを改善していけば、必ず結果は出てくるはずです。まさに「継続は力なり」です。

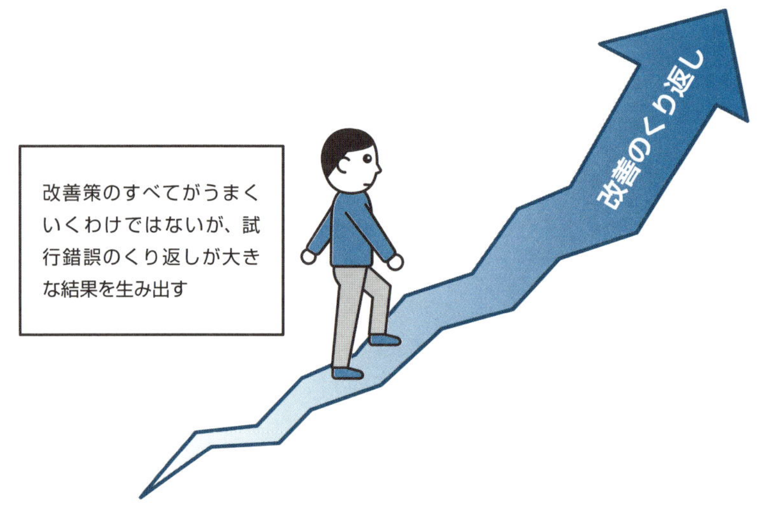

第6章

セキュリティと法律について知ろう

Webサイトを安全に運営していくためには、どのようなリスクが存在するのか理解し、適切なセキュリティ対策を講じることが重要です。また、Webサイト運営に関係する各種の法律も遵守しましょう。

SECTION 01

Webサイトを安全に運営しよう

Webサイトを脅かすリスク

前章まで、Webサイトへの集客や、分析・改善のためのさまざまな施策について説明してきました。それらは、いわば成果を上げるための「攻め方」です。一方で、Webサイトを安全に運営するための「守り方」についても知っておかなければなりません。

インターネットにさまざまなリスクが存在することは、周知のとおりです。たとえば、Webサイトを運営していくうえで想定される主なリスクとしては、「Webサイトへの不正アクセス」「誤った情報発信」「知的財産権の侵害」「Webサイトの炎上や毀誉褒貶」「サーバーのダウン」などが挙げられます。大規模なものは社会的な影響も大きく、ニュースなどで報道されることも多いです。なお、インターネットで起きる事件や事故は、一次的には被害者でありつつも、実は二次的に加害者にもなっていたというケースが多いのが特徴です。

いずれのリスクについても予防する手立てはありますので、リスクに対する理解と、それを防ぐための準備を怠らないようにしましょう。

想定されるリスク

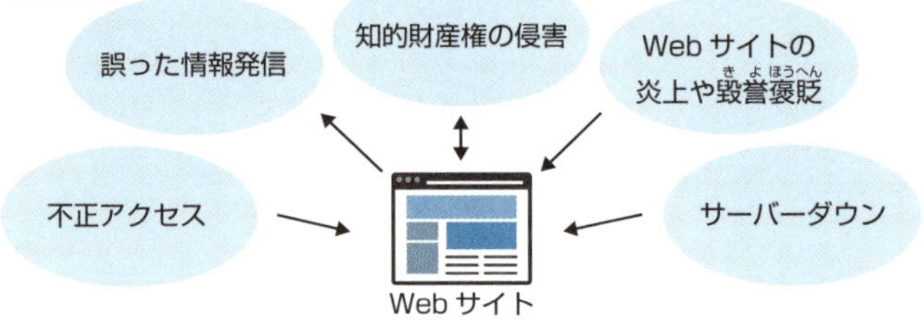

誤った情報発信
知的財産権の侵害
Webサイトの炎上や毀誉褒貶
不正アクセス
サーバーダウン
Webサイト

不正アクセスに備える

不正アクセスにはいくつかの種類があります。たとえば、Webサイトを利用できない状態にするのが、DoS攻撃です。標的にしたWebサイトに対して大量のアクセス（トラフィック）を送りつける攻撃で、ネットワークやサーバーの処理に負荷をかけ、表示に時間がかかるようにしたり、まったく表示不能にしたりします。

さらに、多数の第三者のパソコンを乗っ取り、踏み台にして、そこから標的のWebサイトにアクセスさせるDDos攻撃というものもあります。攻撃力を増すとともに、犯人をわかりにくくするのが狙いです。

DoS攻撃に対しては、攻撃元のIPからのアクセスを遮断するなどの対処方法があります。DDos攻撃は攻撃元が多数あるため、対処がより難しくなりますが、屈強なサーバーやネットワークインフラの採用、負荷を分散できるシステムの構築などで攻撃に備えます。

Webサイトを利用不能にするだけではなく、Webサイト自体の乗っ取りや改ざんを目的にした不正アクセスもあります。

不正アクセスを防ぐためには、サーバーやプログラムのバグ（不具合）修正、最新のパッチ（修正プログラム）適用など、ネットワークやシステムを常に最新かつ健康な状態にしておくことが大切です。

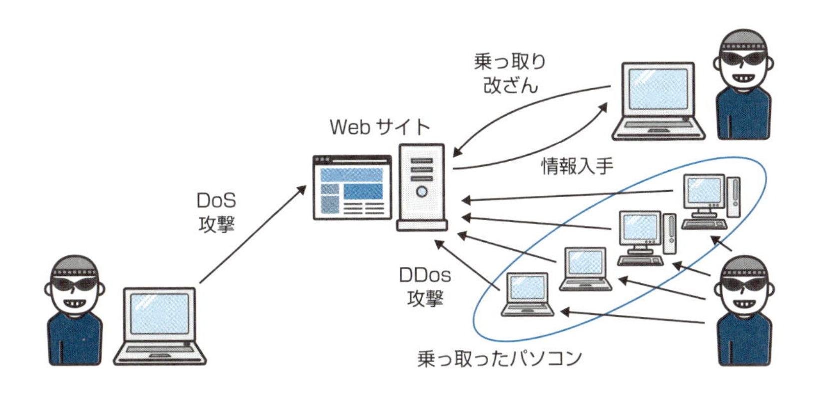

誤った情報の公開

不正アクセスのような他者からの攻撃とは違い、自分自身が原因となるリスクの１つが誤った情報の公開です。

住所や電話番号、サイズや数量、金額、日時などの間違いに気付かず、Webサイトで公開してしまうケースは少なくありません。こうしたうっかりミスが、ときには深刻な事態を引き起こします。たとえば、「目的地にたどり着けなかった」「商品の数が足りなかった」「申し込み時と請求額が違う」「会場までいったのに、イベントが終わっていた」など、中には賠償問題になりかねないケースもあります。

もちろん注意深くページを作成するべきですが、人間が作成する以上、どこかで間違いが発生する可能性は残ります。それを公開前に発見するためのルールを作っておきましょう。具体的には確認のフェーズを必ずはさむということです。「大丈夫だろう」ではなく「どこかに間違いがあるはずだ」という心構えで確認することが大切です。また、自分だけでなく、周りの誰かに確認を依頼するのも有効です。第１章で取り上げたCMSには、上司など他者の確認・承認がないと公開できないように設定できるものもあります。そのようなしくみを使うのもよいでしょう。

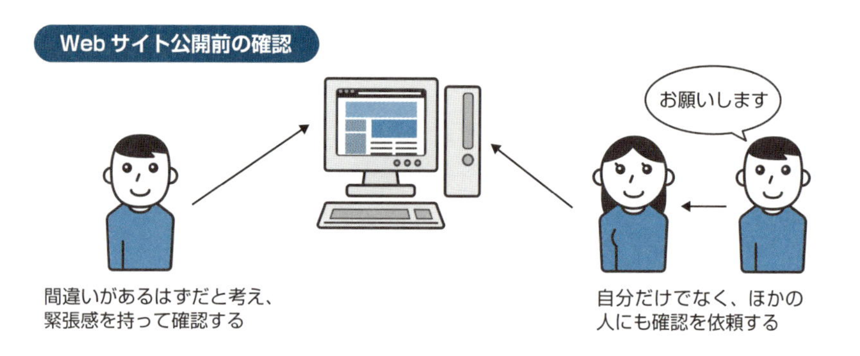

知的財産権を侵害しないように気を付ける

デジタルデータは、アナログのデータに比べて複製が容易です。そのため、知らず知らずのうちに他者の知的財産権を侵害してしまうといったことが起こりやすい一面もあります。

知的財産権には、特許権や意匠権、著作権などの知的創作物を保護する目的の権利と、商標や商号など営業活動の識別に使われる権利があります。Webサイトの運営で問題になるのは、主に著作権と商標権です。

著作権は、創作活動の結果生まれた著作物に対して発生する知的財産権です。無方式主義と呼ばれ、特別な手続きや登録などをしなくても創作物が生まれた時点で著作権が発生します。

ブログの文章やSNSにアップされる写真、動画など、世界中で膨大な数の著作物がインターネット上に公開されています。それら他者の著作物を勝手にコピーしたり、改変あるいは再配布したりすることは著作権の侵害にあたります。許可されている場合を除き、他者の写真やイラスト、文章などを、勝手に自分のWebサイトに使ってはいけません。

また、Webサイトの構造データであるHTMLやCSSを丸ごとコピーしてそっくりなWebサイトを作るという確信犯もいるようです。もちろん、これも著作権を侵害する行為です。

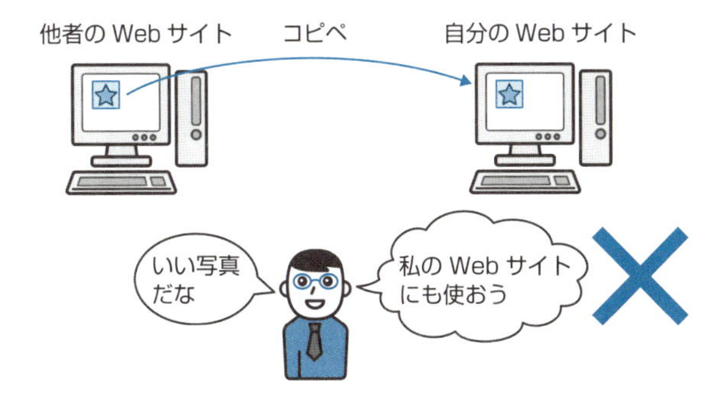

Webサイトの炎上や毀誉褒貶への対策

著名人のブログやTwitterの「炎上」はよく話題になりますが、決して著名人だけに起こり得ることではありません。また、SNSに限らず、コメントが書き込めるWebサイトでも、ちょっとしたきっかけで炎上してしまうことがあります。

「炎上」は、ネット上で非難や批判コメントが集中する一種の熱狂的な状態で、「祭り」などとも呼ばれます。失言や嘘、誇張、悪乗りなど、なんらかの不祥事を誰かが取り上げ、批判と同時に拡散することで一気に批判が集中します。そして、その騒動が多くの人に知られることになり、さらに批判の参加者が増えるといった状態が続いていきます。

当事者が批判に対する反論やいい訳などをすると、それが「燃料」となり、さらに炎上がひどくなることがあります。そもそものきっかけとなった情報発信について自分に非がある場合には、素直に謝罪してしまうのがもっともよい対応だとされています。

炎上と同時に誹謗中傷を受けることもあるかもしれません。自分に非がなければ反論するべきですが、「一切無視して関わらない」という対応方法もあります。ただし、事実誤認や危険を感じるようなことがあれば、被害届けを出すなど法的手段に訴える姿勢を見せることも考えるべきでしょう。

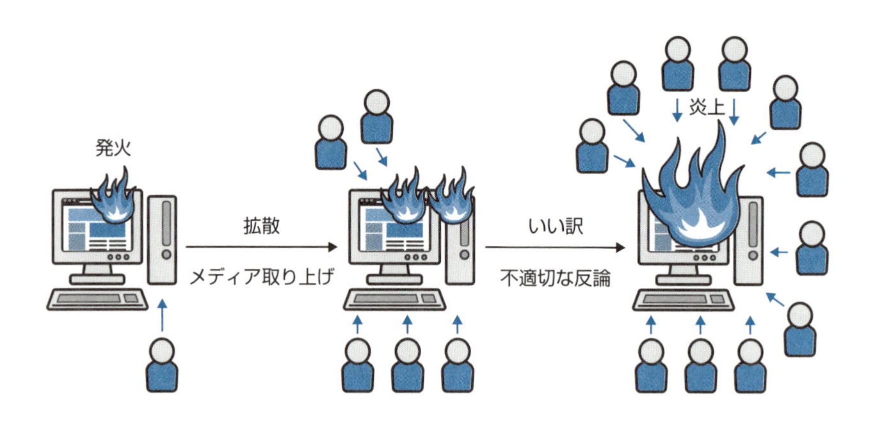

サーバーやネットワークのダウン

ある日突然、自社のWebサイトが見られなくなってしまった場合に、原因として考えられるのが、Webサイトのデータを提供しているサーバーやネットワークのダウンです。

前述したDos攻撃などによる被害のほか、大手サイトのニュース記事などで紹介され、急激にアクセスが集中して、ネットワークやサーバーの処理性能の限界を超えてしまうというケースもあります。

また、サーバーやネットワークを構成する各種機器の不具合や故障・破損でダウンする場合もあります。地震や雷などの天災による破損のリスクも考えておかなければなりません。そのため、データセンターは高レベルの耐震構造や耐候性、停電時の自家発電装置などを備えていることはもちろん、機器故障の際にも迅速な交換ができる体制を確立しているところを選ぶようにしましょう。

もう1つ注意しなければならないのが、サーバーの契約期間です。サーバー管理会社からの更新確認メールに気付かず、うっかり更新時期を過ぎてしまうことのないように気をつけましょう。同様に、ドメインの有効期限についても気を配りましょう。

まとめ

- Webサイトを脅かすリスクについて知っておく
- 不正アクセスの手口や影響について理解し、備えておく
- 誤った情報公開による影響を理解し、防止する
- 他者の知的財産権の侵害に注意する
- Webサイトの炎上について理解するとともに対処方法を知っておく
- サーバーやネットワークのダウンにつながる要因を知り、備えておく

SECTION 02

情報セキュリティを確立しよう

情報セキュリティポリシーを確認する

情報セキュリティポリシーとは、企業や組織の情報セキュリティに関する対策や行動指針をまとめたものです。情報セキュリティポリシーは、企業や組織ごとに異なる業務形態、規模、保有情報などの実態に合わせたものにする必要があります。

ただし、基本的な構成は決まっており、下の図のように3層構造でまとめるのが一般的です。いちばん上の「基本方針」は、企業や組織の情報セキュリティに対する基本的な考えや方針、宣言です。次の「対策基準」は、基本方針を実施するための具体的な対策、必要なルールや基準をまとめたものです。その下に、それぞれの対策基準ごとに実施すべき具体的な対策をまとめた「実施手順」があります。

すでに自社の情報セキュリティポリシーがあれば、再度内容を確認し、しっかりと遵守しましょう。もし情報セキュリティポリシーが策定されていないようであれば、早急にまとめるようにしましょう。

情報セキュリティポリシー

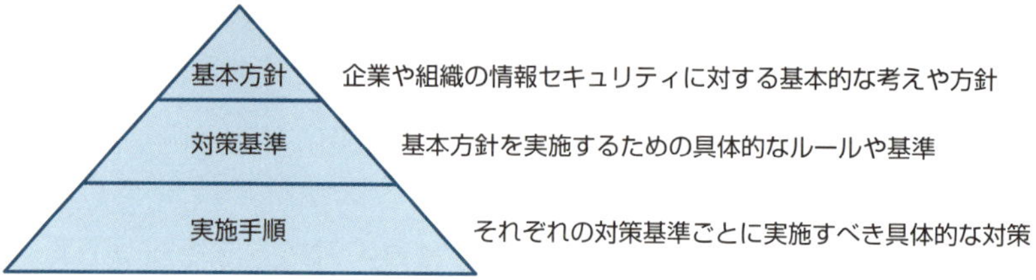

個人情報の扱いに気を付ける

2003年5月の「個人情報の保護に関する法律（略称・個人情報保護法）」成立以降、個人情報の扱いに関する意識が高まってきました。一方で、インターネットの普及に伴って大規模な個人情報流出事件も増え、数千万人分もの情報流出という驚くようなケースも出てきました。

これも、デジタルデータであればこそです。アナログの名簿は印刷物ですが、1ページあたり20人分の情報を掲載するとしたら、1,000万人では50万ページにもなります。本書を基準に考えると、実に2,200冊強というトラックで運ぶようなボリュームになります。これを気付かれずに持ち出すのは相当困難でしょう。それが、デジタルデータであればUSBメモリ1本にかんたんに収まってしまいます。

個人情報の流出は、外部からの侵入と、内部の人間による犯行の場合があります。外部からの侵入に対しては、セキュリティを高めて侵入をブロックすることが大切ですが、個人情報のような重要データはインターネットから切り離して保管しておきましょう。内部の犯行に対しては、「もし悪意を持った人間が内部にいたら」という想定のもと、物理的にアクセスできない環境や十分な監視下でデータを保管します。ルールを決め、しくみ化することで万一の事態に備えましょう。

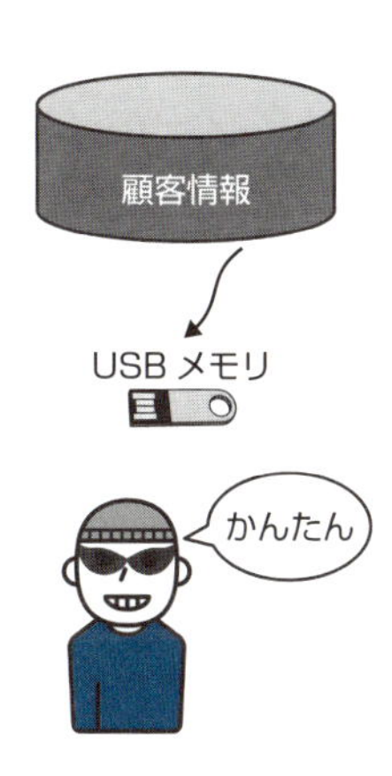

パスワードを見直す

不正アクセスやそれに伴う情報流出の原因として多いのが、パスワードを見破られてしまうことです。1つのパスワードを使い回すのは危険ですが、それぞれ異なるパスワードにすると覚えるのがたいへんで悩ましいところです。

パスワードにはキャッシュカードのように数字4桁のものもあります。しかし、4桁の数字の組み合わせは、0000から9999までの1万通りしかありません。パスワードを破るプログラムは1秒間に数万通りの組み合わせを試すといわれているので、一瞬で突破されてしまうでしょう。

強固なパスワードにするためには、桁数を増やすとともに、数字だけでなくアルファベットの大文字／小文字や記号も組み合わせることです。

そのようにすると、覚えるのがたいへんと思われるかもしれませんが、「パスワードそのもの」ではなく、「パスワードを作るルール」を覚えるようにしましょう。対象となるWebサイトやサービスの名前を取り込みつつ、下の図を参考にして自分だけのルールを考えてみてください。

例：タナカオンラインショップのパスワードを考える

①好きな数字4桁と好きなアルファベット4文字を決める

3258　pmch

②ショップ名からtanakaのtnkを抜き出す

③組み合わせる

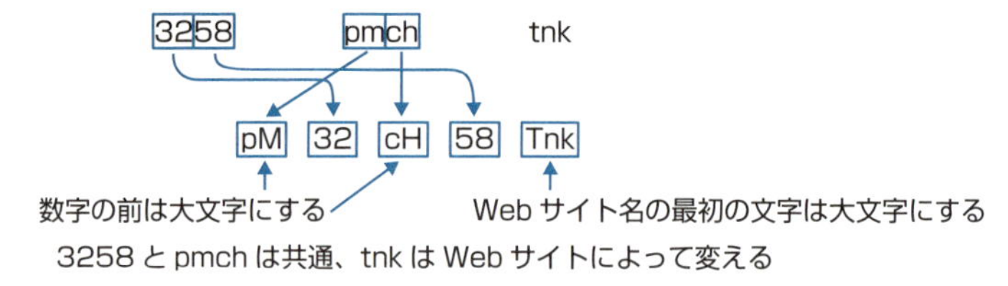

秘密保持契約を交わす

秘密保持契約は、業務を遂行するうえで知り得た相手の営業上の秘密や個人情報などを、第三者に開示しないという約束をするものです。機密保持契約や守秘義務契約、また、英語でNDA（Non-Disclosure Agreement）と呼ばれることもあります。

もともとはM&A（企業買収）の際に、買収対象の企業の状態を精査するために交わすものでした。それが個人情報保護に対する意識の高まりとともに、システム開発やWebサイト制作などでも、通常の業務請負契約と一緒に交わされることが多くなってきました。

ほとんどの場合、委託された業務を下請け先などに任せる場合には、同様の秘密保持契約をその下請け先と交わす必要があります。また、同じ社内であっても、その業務に携わらない人には開示しないなどの制約があるので注意が必要です。

何よりも肝心なのは、秘密保持契約を交わすことではなくて、それを着実に実行することです。制作会社などに業務を委託する際には、秘密保持契約を交わすことになると思いますが、その制作会社が契約を遵守して業務にあたっているかを随時チェックすることも大切です。

たとえ社内でも関係者以外には開示しない

まとめ

- セキュリティポリシーを定め、遵守する
- 個人情報に対する意識を高め、取り扱いに注意を払う
- より強固なパスワードを設定する
- 秘密保持契約について理解する

SECTION 03

Webサイトで必要な法律を知ろう

Webサイト運営に関係する法律とは

Webサイトを運営していくうえで関係する主な法律には、前述の「個人情報保護法」や著作権などの知的財産を保護する「知的財産基本法」、商標や商号、営業機密などを保護する「不正競争防止法」があります。Webサイトの内容や目的によっては、それ以外にも「特定商取引法」「古物営業法」「景品表示法」「薬機法」などが関係します。

その中でもECサイトを運営する場合に必ず関わるのが、特定商取引法です。正式名称は「特定商取引に関する法律」で、「特商法」と略されることもあります。

通販は販売者と消費者が直接対面することがなく、隔地者間の取引となります。そのため、販売業者が開示する情報が不十分あるいは不明確な場合には、消費者が不利益を被るなどのトラブルを生じることになりかねません。そこで、あらかじめ特定商取引法で定められた表示義務事項をWebサイトに掲載することが求められます。これによりユーザーの不安を取り除き、無用なトラブルを回避することにもつながります。

Webサイトに関係する法律の理解と遵守が
無用なトラブルを避け、ユーザーの安心につながる

▶特定商取引法（通信販売）に基づく表示

特定商取引法は、通信販売のほか、訪問販売や電話勧誘販売などの取引も対象としています。そのため範囲が広く、通信販売に関して定められていることだけでも数多くあります。

重要なポイントは、消費者庁の特設サイト「特定商取引法ガイド」にわかりやすくまとめられています。ECサイト運営者は、必ず目を通しておきましょう。

- 特定商取引法ガイド
  http://www.no-trouble.go.jp/

その中でも、広告義務として表示が定められている以下の項目については、Webサイト内にわかりやすく表示するようにしましょう。

1. 販売価格（役務の対価）（送料についても表示が必要）
2. 代金（対価）の支払い時期、方法
3. 商品の引渡時期（権利の移転時期、役務の提供時期）
4. 商品（指定権利）の売買契約の申込みの撤回又は解除に関する事項
   （返品の特約がある場合はその旨含む）
5. 事業者の氏名（名称）、住所、電話番号
6. 事業者が法人であって、電子情報処理組織を利用する方法により広告をする場合には、
   当該販売業者等代表者または通信販売に関する業務の責任者の氏名
7. 申込みの有効期限があるときには、その期限
8. 販売価格、送料等以外に購入者等が負担すべき金銭があるときには、その内容およびその額
9. 商品に隠れた瑕疵がある場合に、販売業者の責任についての定めがあるときは、その内容
10. いわゆるソフトウェアに関する取引である場合には、そのソフトウェアの動作環境
11. 商品の販売数量の制限等、特別な販売条件（役務提供条件）があるときには、その内容
12. 請求によりカタログ等を別途送付する場合、それが有料であるときには、その金額
13. 電子メールによる商業広告を送る場合には、事業者の電子メールアドレス

- Webサイトに関わる法律を知り、遵守する
- 特定商取引法（通信販売）に基づく表示をわかりやすく表示する

用語集

行

アールエスエス（RSS）

おもにWebサイトの更新情報をまとめるのに使われるデータ形式です。ユーザーがRSSリーダーなどを利用することで、最新の更新情報を効率的に把握できるため、ニュースサイトやブログなどで更新情報をRSSで公開することが増えています。

アールエフピー（RFP）

Request For Proposalの略で、「提案依頼書」のことです。Webサイト制作などのコンペ参加を依頼する際に、制作したいWebサイトの仕様、目的、目標、機能、性能などの求める要件を明確にまとめたRFPを配布します。

アールオーアイ（ROI）

Return On Investmentの略で、「投資収益率」を意味します。投入した投資額に対して、どれだけの収益を得られたのかという比率を示す指標です。

アイオーティ（IoT）

Internet of Thingsの略で、「モノのインターネット」と訳されます。さまざまなモノが通信機能を備え、インターネットのネットワークを構成することをいいます。

アイコン（icon）

コンピューターの画面において、処理の内容や対象を、シンプルで小さな絵柄や記号で表現したものです。

アイピーアドレス（IP address）

Internet Protocol Addressの略で、インターネットやイントラネットなどのIPネットワークに接続されたコンピューターや通信機器1台1台に割り振られた識別番号です。「160.16.113.252」などの数字で表現されます。

アクセスログ（access log）

Webサイトや各ページへの訪問記録のことです。アクセス元のIPアドレスやドメイン名、アクセスされた日付や時刻などを、アクセスログとして記録します。

アクセスログ解析

アクセスログをもとに、「ユーザーがどこから、どのような経路でWebサイトにきたか」「どのコンテンツが閲覧されているのか」などを解析する機能やその結果のことです。

アルゴリズム（algorithm）

コンピューターが計算を行うときの計算方法のことをいいます。検索エンジンが検索結果の表示順などを決める際にアルゴリズムが用いられることから、Webの分野でもよく耳にするようになりました。

イーシー (EC)

e-commerceの略です。日本語では「電子商取引」といい、インターネットなどのネットワークを利用して、商品やサービスの販売および、契約や決済などを行う取引形態です。

イーエフオー (EFO)

Entry Form Optimizationの略で、日本語では「エントリーフォーム最適化」といいます。入力フォームや買い物カゴ、決済ページなどのコンバージョンに至るページや誘導のしかたをよくすることで、コンバージョン率の向上へとつなげます。

インプレッション (impression)

広告の測定数値として用いられるものの1つで、広告が表示された回数のことを示します。

エーアイ (AI)

Artificial Intelligenceの略です。人間と同様の知能をコンピューターを使って、実現させるもので、日本語では「人工知能」といいます。

エービーテスト (A/Bテスト)

AとBの2つの選択肢がある場合、どちらのほうがより高い成果を得られるのかを確かめるテストの方法のことです。2択ではなく3つ以上の選択肢をテストする場合もA/Bテストといいますが、選択肢が多すぎると正しい検証が難しくなります。

エイチティーエムエル (HTML)

HyperText Markup Languageの略で、Web上のドキュメントを記述する言語です。文章に対し、その構造や見映えなどを指定（マークアップ）するマークアップ言語の一種で、Webを構成する基幹となる言語です。ドキュメント間の移動をさせるハイパーリンクを設定できる特徴を持っています。

エスイーオー (SEO)

Search Engine Optimizationの略です。日本語では「検索エンジン最適化」といい、自らのWebサイトを検索エンジンの検索結果ページで上位に表示されるように工夫することをいいます。企業などにとっては上位表示されるかどうかで顧客の獲得などに大きく影響するため、SEOの専門業者などに依頼するケースもあります。

エスエスエル (SSL)

Secure Sockets Layerの略です。インターネットで送受信する情報を暗号化するしくみのことです。

エスエヌエス (SNS)

Social Networking Service（ソーシャルネットワーキングサービス）の略で、インターネット上での情報発信で友人や知り合いとの交流ができるWebサイトやサービスのことです。LINEやTwitter、Facebook、Instagramなどが有名です。

エフティーピー（FTP）

File Transfer Protocol（ファイル転送プロトコル）の略です。インターネットやイントラネットなどのTCP/IPネットワークでファイルを転送するときに使われるプロトコル（通信手順、通信規約）のことです。

エヌディーエー（NDA）

Non-disclosure agreementの略で、日本語では「秘密保持契約」や「機密保持契約」、「守秘義務契約」などといいます。Webサイトやシステムの構築をする前に互いの機密情報を適切に管理運用することを約束する契約です。

エンゲージメント（engagement）

婚約や約束を意味する言葉です。企業と顧客の強い結び付きのことをいいます。

オーガニック検索（organic search）

自然な検索を意味する言葉です。検索エンジンで検索を行った際に表示される、広告ではない通常の検索結果および、そこから訪問することをいいます。

オウンドメディア（owned media）

自分たち、もしくは自社の情報媒体という意味で、自社のWebサイトやブログのことです。また、紙媒体であっても会社案内やカタログ、パンフレットなどのこともいいます。

オプトイン（opt-in）

承諾や承認を意味する言葉です。メールマガジンなどを送付する際に、あらかじめ承諾を得ていることをいいます。

カ行

外部要因

検索エンジンがWebサイトの評価をする際に評価対象となる、ほかのどんなWebサイトからリンクを張られているか、ほかのWebサイトでどのように紹介されているかなどの、当該Webサイトの外部の要因のことをいいます。

瑕疵担保責任

瑕疵（かし）とはキズや欠陥のことです。Webサイトやシステムなどでは、検収したときには気付かなかった不具合があとで生じることもあります。そのような場合にも、不具合の解消に責任を持つことをいいます。

興味関心連動型広告

利用ユーザーの過去の行動を記録しておき、ほかのユーザーの行動パターンなど膨大な蓄積データをもとに、そのユーザーの興味や嗜好などを推察し、ユーザーに合った広告を表示させる手法のことをいいます。

クリック課金（Pay Per Click）
広告のテキストやバナーなどがクリックされた時点で広告費用を課金する方式のことをいいます。この方式の広告のことをPay Per Clickの頭文字をとって「PPC広告」とも呼びます。

グローバルナビゲーション（global navigation）
Webサイト全体のコンテンツのうち、重要かつ浅い階層のカテゴリー（第1階層にある大項目の場合が多い）へのリンクを設置した箇所のことをいいます。通常はWebサイト内のすべてのページにおいて、ページ上部などの定位置に常設されています。「Gナビ」ということもあります。

クローラー（crawler）
検索エンジンのデータベースに収納するデータを、Webサイトを訪問して収集するプログラムのことをいいます。その活動形態から「ロボット」と呼ばれることもあります。

ケージーアイ（KGI）
Key Goal Indicatorの略で、日本語では「重要目標達成指標」と訳されます。ゴールとして設定した達成すべき数値目標のことをいいます。

ケーピーアイ（KPI）
Key Performance Indicatorの略です。日本語では「重要業績評価指標」と訳されます。KGIを達成するために必要とされる因数指標として定めます。

5W1H（ゴダブリューイチエイチ）
情報を正確に伝えるために必要な項目として、when（いつ）、where（どこで）、who（誰が）、what（何を）、why（なぜ）、how（どのように）という6つの副詞の頭文字をとって名付けられた確認項目のことをいいます。

コンテンツ（contents）
コンテンツとは、中身や内容という意味です。Webサイトでは、テキストや写真、音声、動画などのことをいいます。

行

サーバー（server）
コンピューターのネットワーク上で、ユーザー（クライアント）のコンピューターからの要求に対し、自身の持っている機能やデータなど何らかのサービスを提供するコンピューターやソフトウェアのことをいいます。インターネット上には、Webデータやサービスを提供するWebサーバーなどがあります。

サイトマップ（site map）
Webサイト内のページおよびその構造を一覧できるようにした案内ページのことをいいます。文字どおり、Webサイトの地図に相当します。Webサイト内にあるすべてのページ、もしくは主要ページへのリンクをセクションごとに整理し、掲載します。Webサイトを構築する際に作るサイト設計図のことも、サイトマップといいます。

サムネイル（thumbnail）

たくさんの画像や動画などの紹介をする際に、閲覧や選択がしやすいように一覧で表示する縮小された画像のことです。「親指（thumb）の爪（nail）」が由来となっています。

3C（サンシー）

「Customer（顧客）」「Company（自社）」「Competitor（競合会社）」それぞれの頭文字である3つのCから名付けられています。ビジネスにおける3者の関係性を考える際に使われます。

シーエスエス（CSS）

Cascading Style Sheetsの略です。HTMLが文章の論理構造を定義するのに対して、Webページの見映えやレイアウトを定義する規格となっています。段階（Cascade）構造のスタイルシートです。

シーエムエス（CMS）

Contents Management Systemの略です。更新作業を簡単にするシステムで、HTMLなどの専門知識を習得しなくても、かんたんにページの作成や編集を行うことができるため、最近では多くのWebサイトで利用されています。

シーピーエー（CPA）

Cost Per Action、もしくはCost Per Acquisitionの略です。1件のコンバージョンあるいは顧客獲得に要した費用のことをいいます。広告の成果を見るための指標としてよく使われます。

シーブイアール（CVR）

Conversion Rateの略で、コンバージョン率のことです。Webサイトに訪れた人のうち、注文や応募、資料請求など、そのWebサイトで訪問者にしてもらいたい行動に至った人数の割合のことをいいます。「転換率」や「成約率」ともいいます。

ジャバスクリプト（JavaScript）

ブラウザなどに実装され、使われているスクリプト言語（簡易なプログラミング言語）です。Webページは、当初は静的な印刷物のような表示しかできませんでしたが、JavaScriptの開発で、動きや応答性を付加した動的な表示をすることができるようになりました。

スパムメール（spam mail）

迷惑な電子メールのことです。不特定多数に無差別で大量に送信される広告メールなども含まれます。単に「スパム」とも呼ばれます。

セッション（session）

Webサイトにおいて、1ユーザーが1回の訪問で行った一連の行動のことをいいます。1ページだけ見て直帰した場合も、数ページを見たあとに離脱した場合も、1セッションとカウントされます。

遷移（せんい）

Webサイトにおいては、リンクやタップなどによるページの移動や移り変わりのことをいいます。

想定シナリオ

実際のユーザーがWebサイトを使う場合にページを見る順番や使われ方などを意図し、計画したストーリー設計のことをいいます。

タグ(tag)

一般的には荷札などのことをタグといいますが、Web関連ではHTMLやXMLを記述する符号のことをいいます。また、コンピューターでファイルなどの整理のためのに付ける目印のことをタグというケースもあります。

タップ(tap)

スマートフォンやタブレットなどで、タッチスクリーンを指先で軽く叩く動作のことをいいます。パソコンでの「クリック」に相当する操作です。

直帰

ユーザーがWebサイトに訪問した際、最初の1ページを見ただけでページを閉じたり、別のWebサイトに出て行ってしまったりすることをいいます。

ティーザー(teaser)広告

新商品を発表する際などに、一度にすべての情報を開示するのではなく、数段階に分けて少しずつ紹介することで、焦らし効果による期待の高まりを促す広告手法です。

テストケース(test case)

おもにソフトウェアの動作確認を行う際などに、テストする入力条件と得られるはずの結果の組み合わせのことをいいます。あらかじめ利用シーンを想定して用意しておきます。想定されるパターンをできるだけ多く用意しておくことがバグ(不具合や誤り)の発見につながるため、膨大な数になることもあります。

デバイス(device)

機器や装置などのハードウェアを意味する言葉です。パソコンやスマートフォン、タブレットをはじめ、マウスやキーボード、プリンタなどの周辺機器も指します。

ドメイン(domain)

英語で領域や範囲を意味します。インターネットの分野では、ネットワーク上に存在するコンピューターやネットワークをグループ化して識別するための名前のことをいいます。

内部要因

検索エンジンがWebサイトの評価をする際に評価対象となる、そのWebサイト自体の品質や運営履歴、内包するコンテンツの質や量などの要因のことをいいます。

20：80の法則

「売り上げの8割は、2割の商品によって得られる」など、偏り方が20：80の割合で起こることが多いことから名付けられた法則です。「ニッパチの原理」や、法則の発見者の名前から「パレートの法則」とも呼ばれています。

ファーストビュー（first view）

初見や一見を意味する和製英語です。Webサイトにおいては、特定のWebサイトに訪問した際に、使っているデバイスのスクリーンに表示される範囲のことをいいます。スクロールなどをしないと見られない部分については認識されない可能性があるため、ファーストビューでどこまでを表示させるのかを考えることは重要です。

ブックマーク（bookmark）／お気に入り

ブラウザ機能の1つで、何度も訪れるWebサイトのURLをリスト化し、記録しておくことができます。ユーザーが毎回URLを入力する手間が省け、よく訪れるWebサイトへのアクセスが容易になります。

ブログ（blog）

初期は自分が気になったニュースやWebサイトの記録や紹介の用途で使われることが多く、ウェブ（Web）上のログ（記録）というところから「ウェブログ（Weblog）」と呼ばれていました。現在では、日記やコラム、特定の分野についての紹介などに使われることが多くなり、ウェブログを短縮してブログと呼ばれることが一般的になりました。

ページビュー（page view）

アクセス数の単位の1つで、Webページが見られた回数のことをいいます。「PV」と略して使われることも多いです。訪問者がトップページを含めて5ページ見たとすると、5PVとなります。

ペルソナ（persona）

もともとは古典劇において役者が付けた仮面のことですが、心理学者のユングが「人間の外的側面」を仮面になぞらえてペルソナと名付けました。Webマーケティングにおいては、利用するユーザーをよりリアルにするために、「氏名」「性別」「年齢」「居住地」「職業」「勤務先」「年収」「家族構成」から、「趣味」「嗜好」「価値観」などまで、明確に設定した架空のモデルのことをいいます。

ユーアールエル（URL）

Uniform Resource Locatorの略です。インターネット上に存在する文書や画像、音声、動画などの情報資源の場所を示します。

ユーザーテスト (user test)

Webサイトやシステムの課題や問題点を発見するために、そのWebサイトやシステムを利用すると考えられるユーザー層に属する人に、実際にWebサイトやシステムを利用してもらうテストのことをいいます。

ユーザビリティ (usability)

英語のuse（使う）とability（可能）を組み合わせた言葉で、日本語では「使いやすさ」や「使い勝手」といいます。使いやすさが低いWebサイトでは十分な成果を出すことができないため、ユーザビリティはWebサイトの成果を左右する大きな要因になっています。

ラ行

ランディングページ (landing page)

広告などからWebサイトに誘導させる際に、着地（ランディング）させるページのことをいいます。トップページである場合が多いですが、広告にマッチした特設ページを設けてランディングさせるとより効果的になります。

離脱

Webサイトに訪問したユーザーが別のWebサイトに移動したり、ページを閉じたりして、Webサイトをあとにすることをいいます。

リファラー (referer)

Webサイトのページへの訪問の際、そのWebサイトに訪れる前のリンク元のページおよび、その記録のことをいいます。

レコメンド (recommend)

レコメンドは「推薦する」「推奨する」という意味です。Webサイトを閲覧したユーザーの履歴から類似の商品や情報を紹介したり、嗜好を推察し、好みに合いそうな商品や情報を紹介する機能やサービスのことをいいます。

レスポンシブデザイン (responsive design)

パソコンやスマートフォン、タブレット型端末など、異なるデバイスであっても、1つの同じデータからそれぞれに最適化された表示をさせるようにしたデザイン手法のことです。

ワ行

ワイヤーフレーム (wireframe)

1つのページの「どこに、どのようなナビゲーションやコンテンツを配置させるか」の設計のことをいいます。位置決めを線で囲んで記すことから、ワイヤーフレームと呼ばれるようになりました。

INDEX

数字

A～E

F～J

K～N

P～T

U～Y

あ行

か行

さ行

た行

な行

は行

ま行

や行

ら行・わ行

■著者略歴

池谷義紀（いけや　よしのり）

1964年生まれ。1998年アーティスを設立し、民間企業、自治体、公共機関など数多くのWebサイト構築を手がける。ユーザビリティという言葉自体が耳慣れなかった頃よりその可能性に着目、理論や研究だけでなく、実際の構築と運営という現場で積み重ねてきた実績がクライアントの信頼を集めている。著書に『ウェブクリエイターズバイブルシリーズWebデザイン ユーザビリティ』（ソフトバンククリエイティブ）『入門 Webデザインユーザビリティ』（ソフトバンククリエイティブ）『図解 Webサイト構築・運営＆デザインがわかる』（技術評論社）『新米IT担当者のための Webサイト しくみ・構築・運営が しっかりわかる本』（技術評論社）がある。

編集・DTP●株式会社トップスタジオ
カバーデザイン●菊池祐（ライラック）
本文デザイン●今住真由美（ライラック）
担当●矢野智之（技術評論社）

■お問い合わせについて

本書の内容に関するご質問は、下記の宛先までFAXまたは書面にてお送りいただくか、弊社Webサイトの質問フォームよりお送りください。お電話によるご質問、および本書に記載されている内容以外のご質問には、一切お答えできません。あらかじめご了承ください。

〒162-0846　東京都新宿区市谷左内町 21-13
株式会社　技術評論社　書籍編集部
「新人 IT 担当者のための Webサイト 構築＆運営がわかる本」質問係
FAX：03-3513-6167
技術評論社 Web サイト：http://book.gihyo.jp

なお、ご質問の際に記載いただいた個人情報は質問の返答以外の目的には使用いたしません。また、質問の返答後は速やかに破棄させていただきます。

新人IT担当者のための Webサイト 構築&運営がわかる本

2016年12月1日　初版　第1刷　発行

著　者　池谷　義紀
発行者　片岡　巖
発行所　株式会社技術評論社
東京都新宿区市谷左内町 21-13
電話　03-3513-6150　販売促進部
03-3513-6160　書籍編集部
印刷/製本　日経印刷株式会社

定価はカバーに表示してあります。

造本には細心の注意を払っておりますが、万一、落丁（ページの抜け）や乱丁（ページの乱れ）がございましたら、弊社販売促進部へお送りください。送料弊社負担でお取り替えいたします。

ISBN978-4-7741-8439-5 C3055
Printed in Japan